「M5Stack」ではじめる電子工作

エムファイブ・スタック

はじめに

「M5Stack」(エムファイブ・スタック)は、液晶を搭載した“手のひらサイズ”の「IoT開発キット」です。

その特徴は、「必要なものは、ほとんど入っていて、制御したいセンサやモータなどのデバイスをつなぐだけで動かせる」という点にあります。

●たとえば、「画面に何か表示したい」場合――

いままでは、「表示する画面」を電子工作で作る必要がありました。

しかしM5Stackなら、「内蔵の液晶」が使えます。

カラー液晶で解像度も高いため、文字での表示だけでなく、「グラフ表示」や「アイコン表示」も可能です。

●たとえば、「何か接続したデバイスを操作したい場合」――

いままでは、「操作するためのスイッチ」を接続する必要がありました。

しかしM5Stackなら、液晶のところに取り付けられている「内蔵の3つのスイッチ」を使えるので、工作は不要です。

●たとえば、「センサを接続したい場合」――

いままでは、「センサを半田付けしたり、ブレッドボードで配線する」ということが必要でした。

もちろん、M5Stackでもそうした電子工作ができます。

しかし、「Groveシステム」と呼ばれるデバイスを使えば、「1本の配線」だけで接続できます。

「半田付け」も「ブレッドボード」も、必須ではありません。

M5Stackは、「無線LAN」と「BLE」に対応した「ESP32」というマイコンを採用しています。

ですから、「インターネットに接続する」「スマホなどから操作する」ということも、とてもカンタンにできます。

「M5Stack」は、まさに、“オールイン・ワン”の魅力的な「IoT開発キット」なのです。

*

はじめに

M5Stackには、もうひとつ、別の楽しみ方もあります。
それは、何もつながず、ただの「液晶付きの小さなコンピュータ」として楽しむのです。
「液晶」「スイッチ」「無線LAN」「BLE」を内蔵しており、それでほぼ完結しています。
そのため、何もハードウェアをつながなくても、それ自体が「小さなパソコン」や「ゲーム機」のようで、とても楽しいものです。

*

本書では、このM5Stackの「使い方」と「魅力」を、豊富なサンプルとともに紹介していきます。

M5Stackの基本は、Arduino開発と同じです。
ですから、Arduinoの開発経験がある人はもちろん、経験がない人でも、Arduinoの入門書を読めば、M5Stackの基本は分かります。
しかし、「追加のライブラリが必要」などといった、「M5Stackの固有の部分を、どうすればいいか」といったところが分かりにくいのです。
本書では、豊富なサンプルを提示することで、そうした「溝」を埋めていきます。

なお、「追加のライブラリ」や「使い方」は、もともとは、有志の人たちがインターネットで公開しているものです。
有志の皆さんの力によって、M5Stackは、より便利に、そして、使いやすく発展し続けています。
本書の執筆に当たっては、そうした有志の情報を多数、参考にさせていただきました。この場を借りて、深く感謝いたします。

本書が、皆様の“M5Stackライフ”の手助けになれば幸いです。

大澤　文孝

「M5Stack」ではじめる電子工作

CONTENTS

「サンプル・プログラム」のダウンロード

本書の「サンプル・ファイル」は、工学社ホームページのサポートコーナーからダウンロードできます。

<工学社ホームページ>

http://www.kohgakusha.co.jp/support.html

「M5Stack」をはじめよう

「M5Stack」は、液晶付きの小さなIoT開発キットです。
外部に「LED」や「スイッチ」、各種「センサ」などを接続できるほか、「無線LAN」や「BLE」にも対応し、インターネットとの通信や、スマホとの接続もできます。

1-1 液晶画面をもつIoT開発キット「M5Stack」

「M5Stack」は、Espressif Systems社の「ESP32」というマイコンを搭載したIoT開発キットです。

「M5Stack」という名前は、

・「5cm × 5cm」の大きさ(M5)
・追加モジュールを重ねられる(Stack)

というところに由来しています(図1-1、表1-1)。

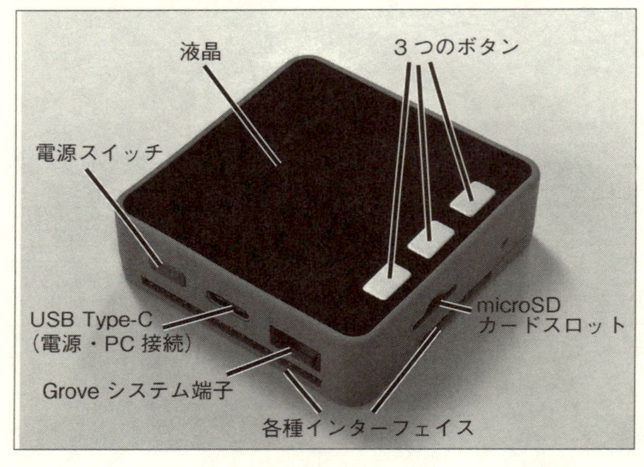

図1-1 M5Stack

表1-1 「M5Stack」の主な仕様v

項目	概要
CPU	ESP32
メモリ	520Kバイト SRAM
フラッシュメモリ	16MB(古いモデルは4MB)
液晶	2インチ。320×240ドット。ILI9341
ボタン	前面に3つ。側面に電源ボタン1つ
カードスロット	microSD(最大16GBまで)
インターフェイス	スピーカー Groveコネクタ(I2C) 各種GPIO

■「M5Stack」の特徴

「M5Stack」には、次の特徴があります。

①「無線LAN」と「BLE」に対応

採用されている「ESP32」というマイコンは、「無線LAN」と「BLE」に対応しています。

そのため、インターネットと接続したり、スマホと連携したりできます。

②液晶画面と3つのボタンを搭載

320×240ドットの「カラー液晶画面」が搭載されているので、ユーザーに、文字やグラフなどで、情報をグラフィカルに表示できます。

そして、搭載された「3つのボタン」は、ユーザーに何か選択させるユーザー・インターフェイスとして活用できます。

①の特徴に示したように、M5Stackはインターネットと通信可能なので、「天気予報やスケジュール、バスや電車の時刻表など、インターネットの情報を取得して液晶画面に表示する」という使い方は、その特色を活かした便利な利用例のひとつです。

③バッテリで動く

バッテリを内蔵しており、「USB Type-Cのコネクタ」から充電できます。

> **Memo**
>
> バッテリが足りないときは、M5Stackに重ねられる「追加のバッテリ・モジュール」を使うこともできます。
>
> そもそも「USB Type-C」なので、それでも足りないときは、スマホ充電などで使う「モバイル・バッテリ」を利用できます。

④スピーカー内蔵

スピーカーを内蔵しており、音を出すことができます。

⑤「microSDカード」に対応

「microSDカード」に対応し、大容量のデータ操作もできます。

実際、本書では、microSDカードに保存した「JPEG画像」や「MP3音楽」を、液晶に表示したり、内蔵スピーカーから音を出したりするサンプルを作っています。

■「M5Stack」の種類

「M5Stack」には、いくつかの種類があります。

本書では、「GRAYモデル」を使いますが、「FIREモデル」でも、同じように利用できるはずです。

「BASICモデル」の場合は、本書で説明している「9軸IMUセンサ」の部分は利用できませんが、それ以外のサンプルは利用できるはずです。

---

①BASIC

基本的なモデルです。

②GRAY

BASICモデルに、「9軸IMUセンサ」を内蔵したモデルです。

③FACES

「キーボード」と「ジョイスティック」の入力パッドを同梱したモデルです。ベースとなるモデルは、「GRAY」と同一です(図1-2)。

「MicroPython」がインストールされていて、キーボードから命令を入力することで直接プログラミングできるので、簡単なプログラムならパソコンなしでも作れます。

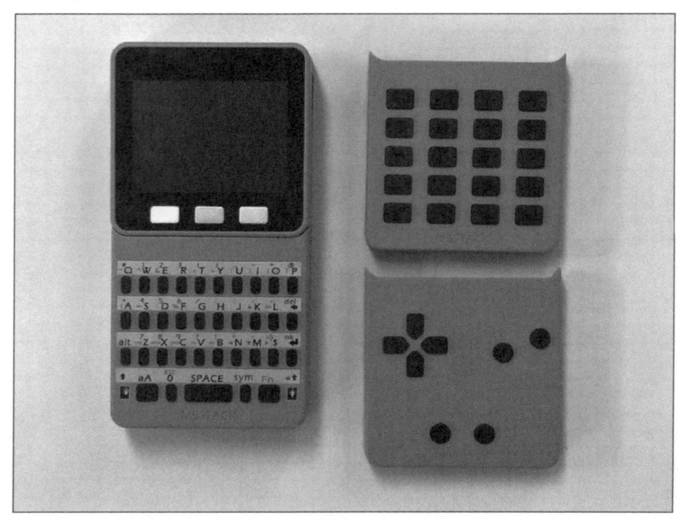

図1-2 FACESモデル

Column 「M5GO」「M5GO Lite」「M5Stack FIRE」

「M5Stack」には、「M5GO」「M5GO Lite」「M5Stack FIRE」というモデルもあります。

これらは、M5Stackの「GRAYモデル」をさらに拡張したもので、次の違いがあります。

- 玩具の「レゴブロック」にはめ込める穴が付いている
- メモリの容量やバッテリ容量が増えている
- 「マイク」と「LEDバー」を内蔵
- 「Groveシステム」の端子が増え、「Grove I/O」「Grove UART」にも対応

■ どこで買えるの？

「M5Stack」は、秋葉原や日本橋、大須などのマイコンを扱っているパーツ屋さんで購入できます。

もちろん、通販でも購入できます。

「M5Stackのパッケージ」には、「M5Stack本体」のほか、パソコンとの接続や充電するための「USB Type-Cケーブル」と、ブレッドボードなどに接続するときに使う「ジャンパ・ケーブル」も付属しています(**図1-3、図1-4**)。

図1-3 M5Stackのパッケージ

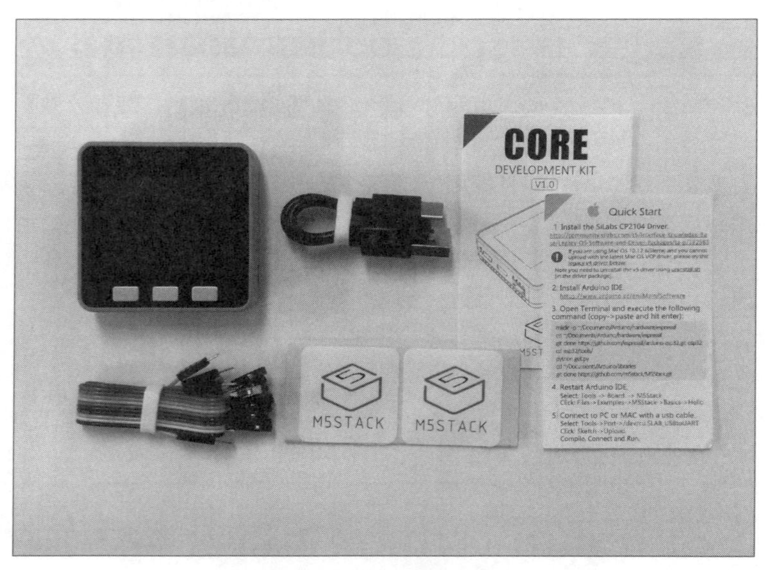

図1-4　M5Stackの内容物

1-2　ハードウェアが分かる人も分からない人も楽しめる

これまで述べてきた特徴から分かるように、「M5Stack」は、「ネット通信あり」「液晶付き」「ボタン付き」と、至れり尽くせりのIoT開発キットです。

一般に「マイコン」とか「IoT」と言うと、「ブレッドボード」や「半田付け」による電子工作を思い浮かべますが、そうした電子工作をしなくても、「液晶とボタンが付いた、小さなマイコン」として、すぐに楽しめます。

その一方で「M5Stack」は、「何かつなぎたい人」のためのことも、もちろん考えています。

■ 側面のピンにさまざまなインターフェイスを装備

M5Stackの側面一周には、「マイコンと接続できる、さまざまなピン端子」が並んでいます。

こうした「ピン端子」に、「センサ」や「スイッチ」「モータ」など、さまざまな電子工作物をつなぐことで、「M5Stack」からコントロールできます(**図1-5**)。

図1-5 側面に並べられたピン

■ケーブル1本で接続できる「Groveシステム」

マイコンを使った電子工作の世界には、Seeed社が提唱している「Groveシステム」というデバイスがあります。

「Groveシステム」は、1本の線をつなぐだけで、センサをはじめとした各種デバイスを接続できる仕組みです。

「M5Stack」では、このGroveシステムに対応したデバイスを側面に接続できます(図1-6)。

Memo

「Groveシステム」には、「アナログ」「デジタル」「UART」「I2C」の４種類があります。
「M5Stack」に接続できるのは、「I2C」のものだけです。
ただし、「M5GO」「M5GO Lite」「M5Stack FIRE」には、すべての種類のものを接続できます。

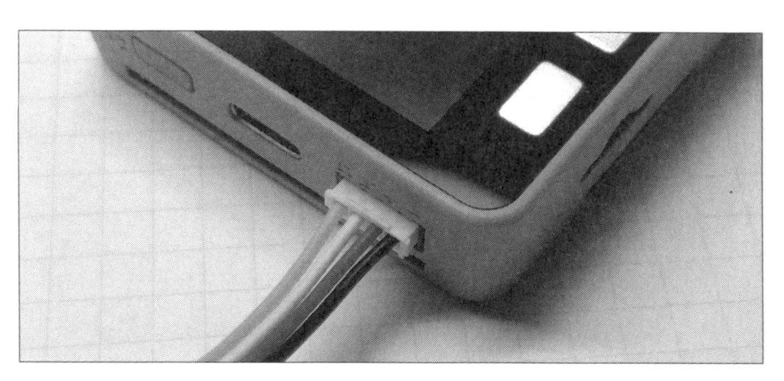

図1-6 ケーブル1本でセンサなどを接続できる

■ 拡張機能をスタックできる

実は、M5Stackの背面はマグネットで取り付けられていて、簡単に開くことができます。

開くと、そこにはコネクタがあり、別のモジュールを重ねて挟み込むようにして機能拡張できます(図1-7、図1-8)。

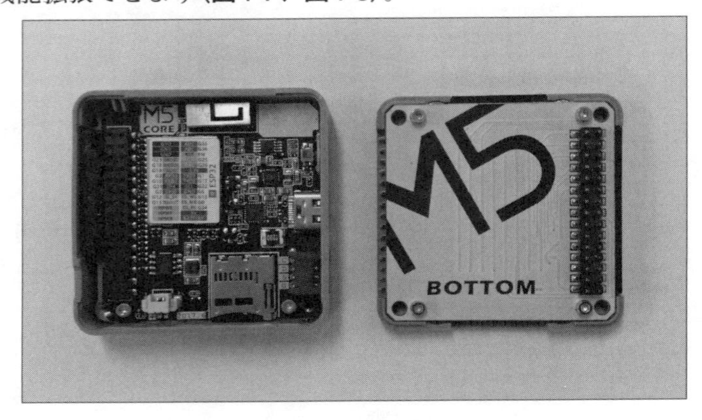

図1-7 M5Stackの背面を開いたところ

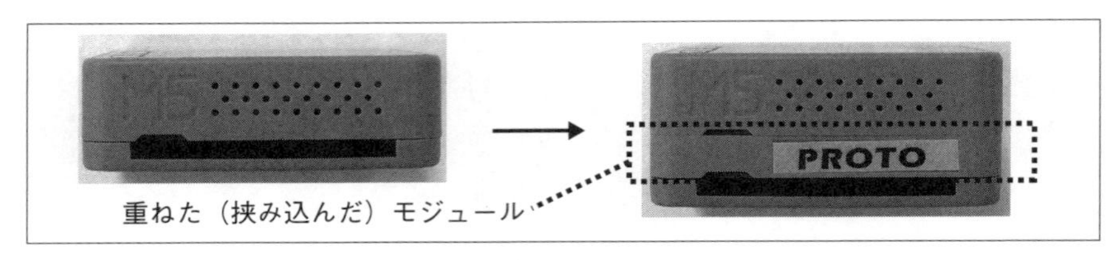

図1-8 「拡張モジュール」を挟み込んで機能を拡張する

*

「拡張モジュール」としては、**「USBモジュール」「赤外線通信モジュール」「LoRa通信モジュール」「バッテリ・モジュール」**などがあります。

また、コネクタ以外の部品が載っておらず、自分でモジュールを作れる**「プロトモジュール」**もあります(図1-9)。

「プロトモジュール」を使えば、自分で作った電子工作がコンパクトにまとまります。

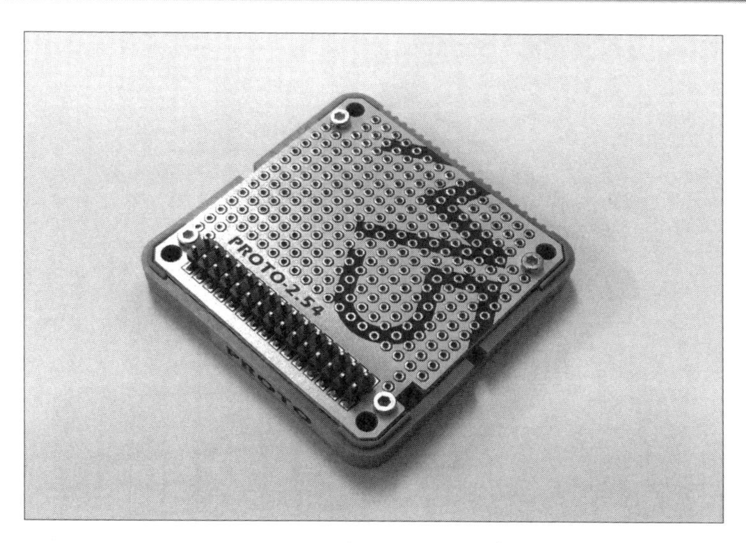

図1-9 プロトモジュール

1-3 「M5Stack」の開発環境

M5Stackのプログラムを作るには、開発環境が必要です。
用途に応じて、いくつかの方法があります。

---

①Arduino IDE

パソコンに「Arduino IDE」という統合開発環境をインストールして、プログラムを作る方法です。

プログラミング言語は、「C/C++」に似た、**「Arduino言語」**を使います。

②ESP-IDF

「M5Stack」で採用されているマイコン「ESP32」の開発元であるEspressif Systems社が提供している「SDK」を使って開発する方法です。

プログラミング言語は、**「C言語」**です。

①と比べると少し難しいですが、M5Stackの全機能をフル活用できます。

③M5Cloud

「Webブラウザ」を使った開発環境です。

パソコンに開発環境をインストールすることなく、インターネットに接続可能なブラウザさえ用意すれば開発できます。

プログラミング言語は、「Python」です。

「C/C++」による開発と違って、コードを1行ずつ即座に実行できるメリットがありますが、全機能を利用できるわけではありません。

④UIFlow(M5Flow)

「Scratch」のようなブロックプログラミング環境です。

ソフトをインストールする必要はなく、「Webブラウザ」だけで開発できます。

この環境を利用すれば、子どもでも「M5Stack」を楽しめます(図1-10)。

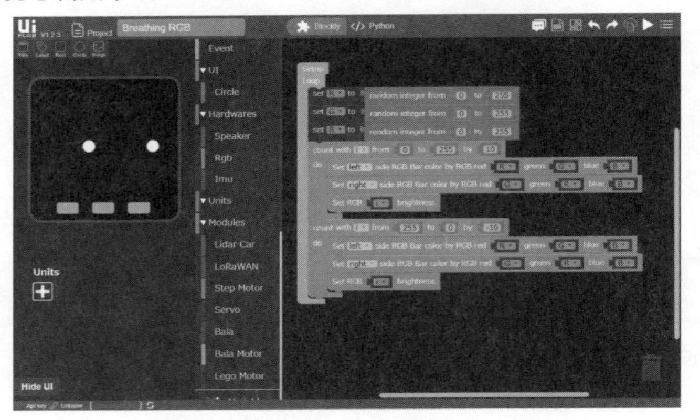

図1-10 「UIFlow」(M5Flow)による開発

---

*

本書では、①の方法を使って開発していきます。

基本的な作り方は、「Arduinoマイコン」と違わないので、その開発経験がある人は、短期間でプログラミングできるようになるはずです。

複雑な構文がなく、また、ほとんどのプログラムは50行も書けば、立派に動くものができます。

そのため、経験がなくとも、「C言語」が少し分かれば難なくプログラミングできると思います。

1-4　本書の構成と流れ

本書では、「M5Stackの基本」から、「実用的に使っていくところ」までを、豊富なサンプルとともに説明していきます。

各章は、できるだけ独立したつくりにしているつもりです。

ですから、**第2章**、**第3章**を読んだ後は、興味のあるところから読み進んでいくといいでしょう。

【各章の内容】

・M5Stackの基礎

第2章と**第3章**は、「M5Stackの標準的な機能で実現できること」を扱った基礎編です。

第2章では、「M5Stackの開発環境」を整理し、プログラムを入力して、それを実行するまでの流れを説明します。

第3章は、「M5Stackの基本的なプログラミング方法」を説明します。

具体的には、「画面表示」「ボタンの使い方」「音の出し方」です。

・M5Stackの応用

そして**第4章**では、追加のライブラリを用いた応用的な事柄を扱います。

たとえば、「日本語表示」や「音声合成」「MP3の再生」などです。

第4章の最後では、少し実用的な例として「キッチン・タイマー」を作ります。

・ハードウェア

第5章は、ハードウェアの章です。

M5Stackの背面や側面には、各種電子工作の部品を接続できる端子があります。

これらの端子に「スイッチ」や「センサ」などを取り付けて、M5Stackから制御する方法を説明します。

・無線LAN

続く第6章は、「無線LAN」の章です。

「パソコンやスマホのブラウザからM5Stackを操作するプログラム」を作ります。

ブラウザからの接続要求を受け入れて処理する、「Webサーバ機能」についても学びます。

「既存の無線LANアクセスポイントに接続して、インターネットからデータを取得する方法」のほか、「自身が無線LANアクセスポイントになって、スマホなどからの接続を受け入れる方法」についても説明します。

・BLE

最後の第7章は、「BLE」の章です。

「BLEセンサ」に接続し、「温度や気圧をM5Stackで表示する例」や、「スマホからM5Stackに接続して操作する方法」について説明します。

すべてのサンプルは、本書のサポートページからダウンロードできます。

はじめての「M5Stack」

「M5Stack」の開発をするには、まず、「USBドライバ」や「開発環境」のインストールが必要です。

この章では、開発環境をセットアップし、簡単なサンプルを実行するまでの流れを説明します。

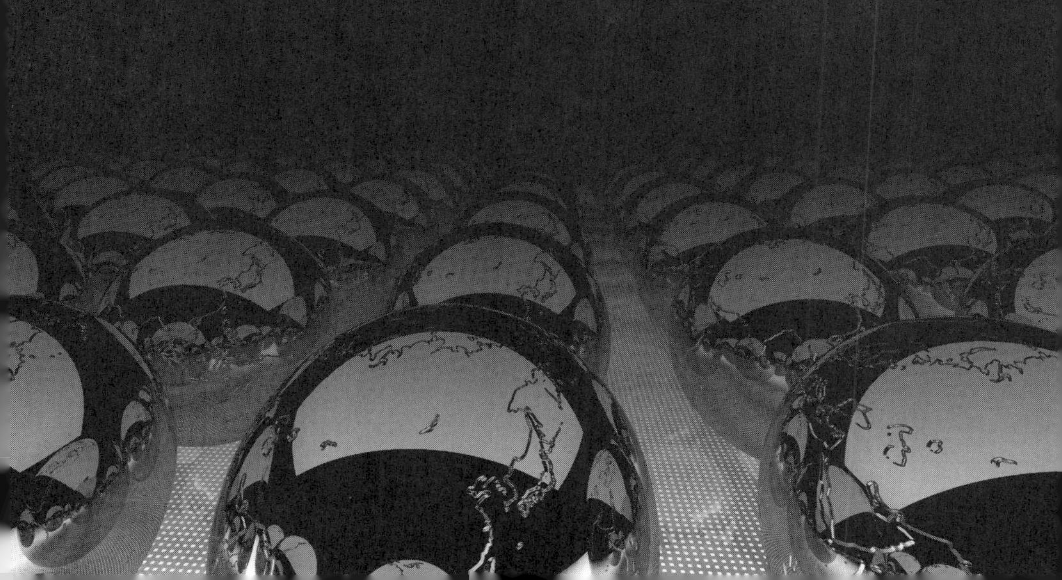

2-1 開発をはじめるには

「M5Stack」には、いくつかの開発手法がありますが、本書では、「Arduino IDE」を使って開発していきます。

「Arduino IDE」は、「C/C++」をベースとした「Arduino言語」で開発できるツールです。

■「M5Stack」の開発環境

開発をはじめるには、まず、パソコンに「USBドライバ」や「Arduino IDE」などのソフトをインストールします。

そして、「M5Stack」に同梱されている「USBケーブル」(Type-Cケーブル)で接続します(図2-1)。

Arduino IDEで作ったプログラムをコンパイルし、その結果をUSBケーブルで転送すると、M5Stack上で実行することができます。

一度転送したら、以降の実行にパソコンは必要ありません。

USBケーブルを取り外して、M5Stack単体で動かすことができます。

Memo

M5StackのUSBケーブルは、充電機能も兼ねています。

パソコンにつないでいる状態では給電されていますが、単体で使っていて電池が少なくなったら、スマホ用の充電器やモバイル・バッテリなどを接続して充電しましょう。

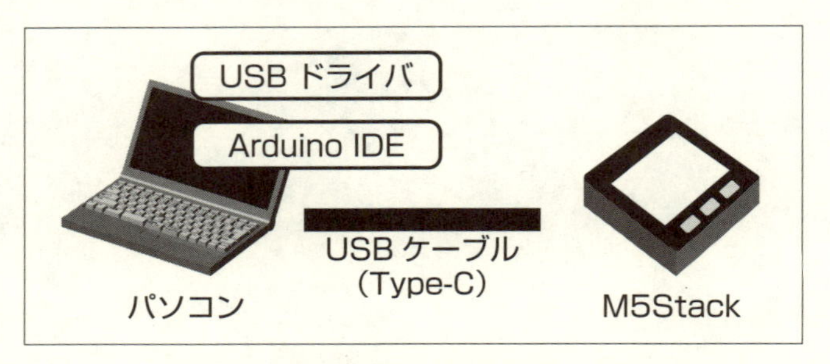

図2-1 M5Stackのソフト開発環境

*

本書では、Windowsパソコンを使った開発を説明しますが、Macパソコンでも同様に開発できます。

Macパソコンでの開発については、公式ドキュメントの「M5Core Get Started」を参照してください。

【M5Core Get Started】
https://docs.m5stack.com/#/en/quick_start/m5core/m5stack_core_quick_start

*

以下の操作では、「USBドライバ」や「Arduino IDE」などをインストールしていきます。

ただし、この段階では、まだ「M5Stack」はパソコンに接続しないでください。

インストールが完了してから「M5Stack」を接続したほうが、「インストール後に動かない」などの余計なトラブルを避けることができます。

2-2 「USBドライバ」をインストールする

まずは、「M5Stack」と通信するための、「USBドライバ」をインストールします。

【Establish Serial Connection】
https://docs.m5stack.com/#/en/related_documents/establish_serial_connection

手順 「M5Stack」と通信するための「USBドライバ」をインストールする

[1]「CP2104ドライバ」をダウンロード

下記のサイトから、「CP2104ドライバ」をインストールします。

ダウンロードするドライバはWindowsのバージョンによって違うので、注意してください(図2-2)。

【SiLabs CP2104 Driver】
https://www.silabs.com/products/development-tools/software/usb-to-uart-bridge-vcp-drivers

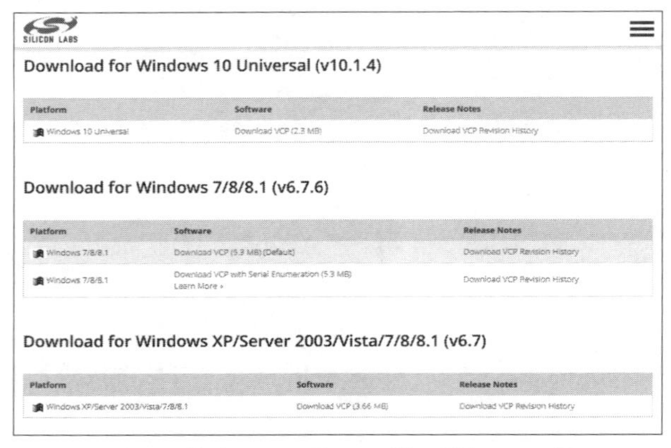

図2-2　「CP2104ドライバ」のダウンロード

[2] 展開して「インストーラ」を実行

「ZIP形式」でダウンロードされるので、展開してください。

展開したら、その中に含まれている「インストーラ」を実行します。

「インストーラ」は、「32ビット版」と「64ビット版」とで異なるので、実行している「OS」に合ったものを実行してください(図2-3)。

Memo

よく分からなければ、まずは「64ビット版」を実行してください。
「64ビット版」に対応していない環境ではエラーが表示されるので、そのときには「32ビット版」を実行してください。

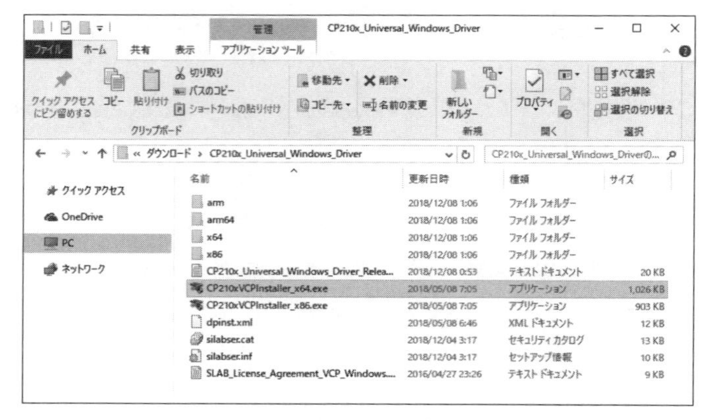

図2-3　インストーラを実行する

[3]「CP2104ドライバ」をインストールする

ウィザードが起動します。

指示に従って[**次へ**]ボタンをクリックしていくことで、インストールできます(**図2-4**、**図2-5**)。

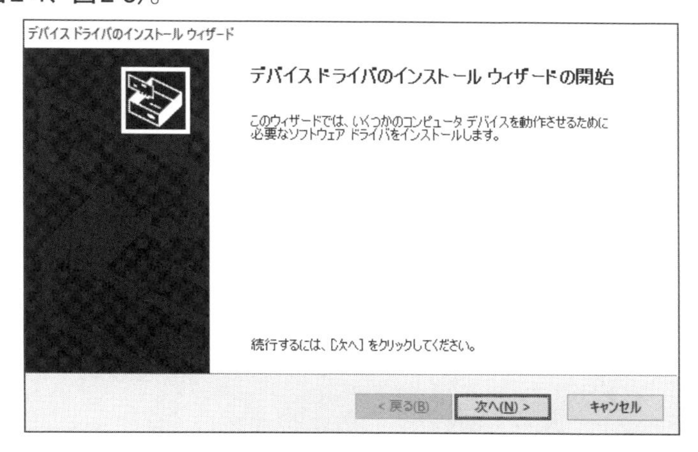

図2-4　ドライバをインストール

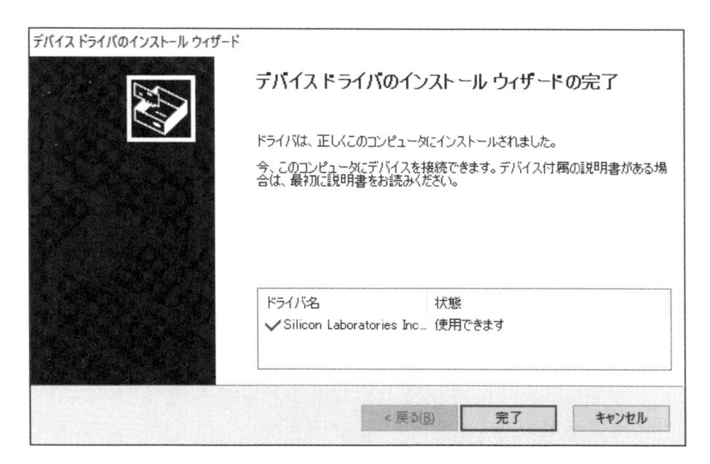

図2-5　インストールの完了

2-3 Arduino IDEやライブラリをインストールする

次に、「Arduino IDE」などの開発ツールをインストールします。

Arduino IDEは、汎用的な開発ツールです。

M5Stack向けの開発ができるようにするには、追加で「ESP32ボードマネージャ」と「M5Stackライブラリ」の2つもインストールします(図2-6)。

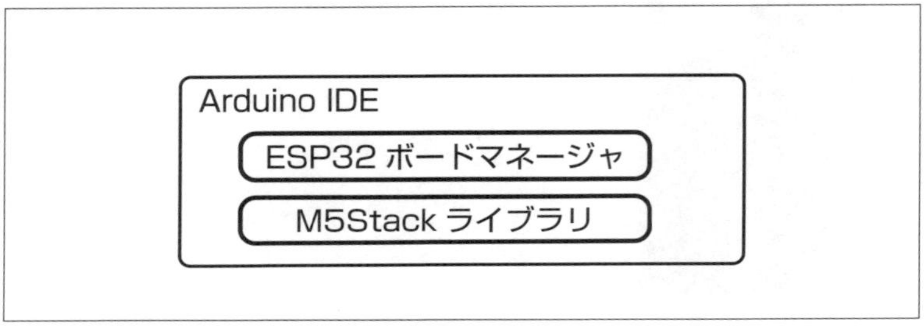

Arduino IDE
ESP32 ボードマネージャ
M5Stack ライブラリ

図2-6 「Arduino IDE」などのインストール

【How to install Git and Arduino IDE (Windows)】
https://docs.m5stack.com/#/en/related_documents/how_to_install_git_and_arduino

■「Arduino IDE」をインストールする

まずは、「Arduino IDE」をインストールします。

手 順 「Arduino IDE」をインストールする

[1]「Arduino IDE」をダウンロードする

Arduino IDEのWebサイトから、ダウンロードします。

何種類ものインストーラがありますが、ここではいちばん上の[Windows installer, for Windows XP and up]を選択します(図2-7)。

【Download the Arduino IDE】
https://www.arduino.cc/en/main/software

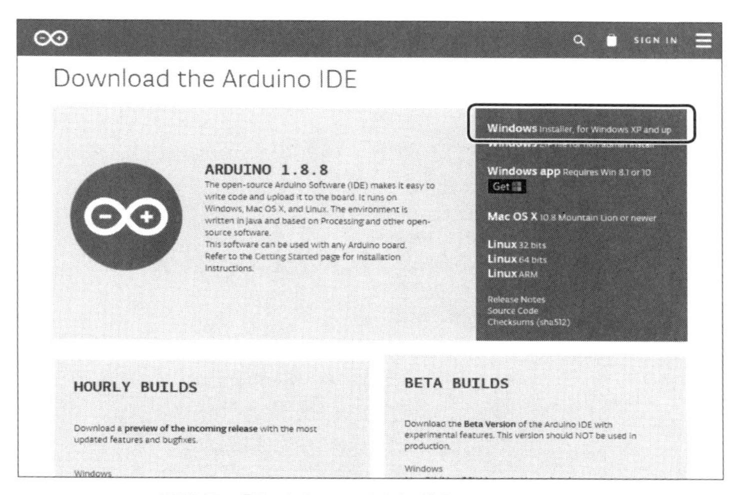

図2-7 「Arduino IDE」をダウンロードする

[2] ダウンロードを続ける

寄付を募る画面が表示されます。

表示されている金額をクリックすると、「クレジットカード」や「PayPal」で寄付できます。

[JUST DOWNLOAD]をクリックすると、「Arduino IDE」のダウンロードがはじまります(図2-8)。

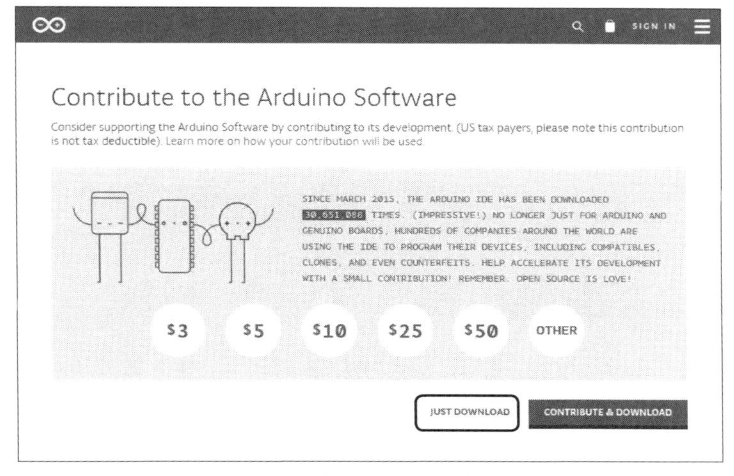

図2-8 ダウンロードを続ける

[3]インストールする

ダウンロードしたファイルを実行します。

するとインストーラが起動するので、画面の指示通りにインストールしてください(図2-9)。

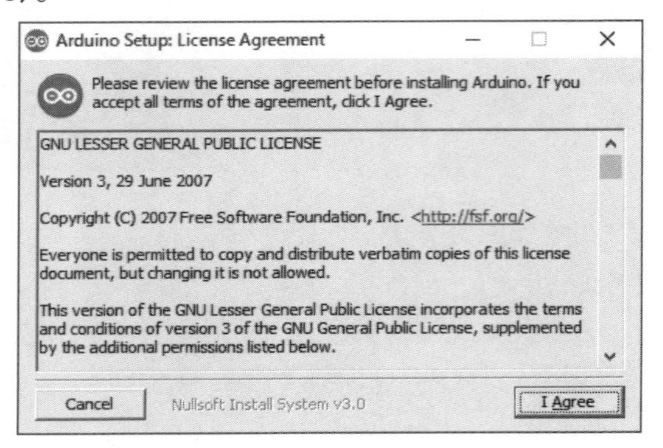

図2-9　Arduino IDEをインストール

■「M5Stackをサポートするプログラム」をインストール

次に、「M5Stack」をサポートする、次の**2**つの「プログラム」や「ライブラリ」をインストールします。

①ESP32ボードマネージャ

M5Stackをはじめとした、「ESP32マイコン」を採用した機器をサポートするための「プログラム」です。

②M5Stackライブラリ

M5Stackの機能を制御するための「ライブラリ」です。

「液晶」や「押しボタン・スイッチ」などを操作する関数群が含まれています。

■「Arduino IDE」を起動する

これらのライブラリは、「Arduino IDE」からインストールします。

まずは、「Windows」の[**スタート**]メニューから[Arduino IDE]を起動してください。

■「ESP32ボードマネージャ」をインストールする

「ESP32ボードマネージャ」をインストールします。

その手順は、次の通りです。

手 順 「ESP32ボードマネージャ」をインストールする

[1]「環境設定」を開く

「Arduino IDE」の[ファイル]メニューから[**環境設定**]を選択し、環境設定画面を開きます。

[2]「追加のボードマネージャのURL」を設定

環境設定の[**設定**]タブの[**追加のボードマネージャのURL**]の部分に、次のURLを入力し、[**OK**]ボタンをクリックします(**図2-10**)。

【追加のボードマネージャのURL】
https://dl.espressif.com/dl/package_esp32_index.json

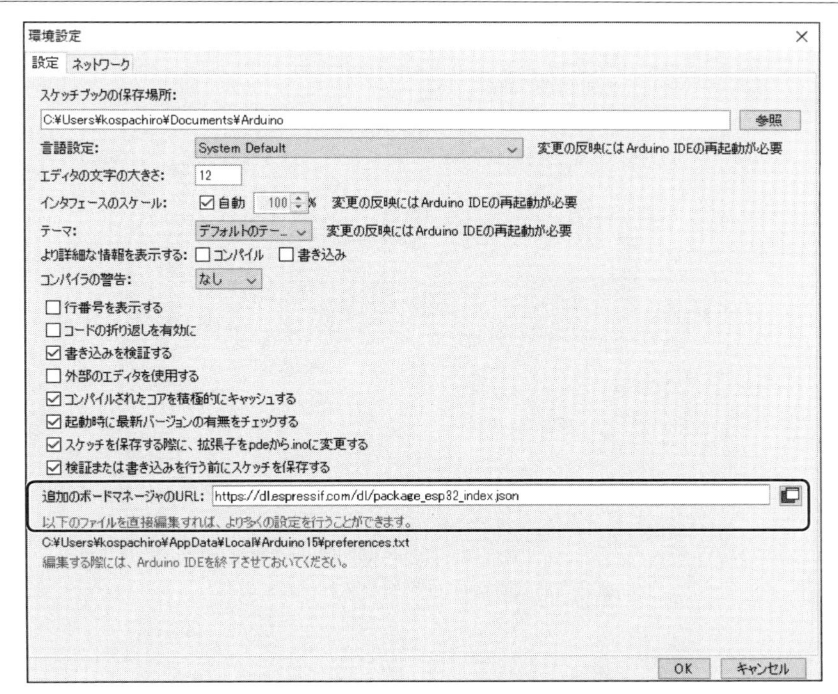

図2-10 「追加のボードマネージャのURL」を設定する

[3]「ボードマネージャ」を開く

この操作によって、[ツール]メニューに「ボード："M5Stack-Core-ESP32"」という項目が追加されます。

この項目を選択して、[ボードマネージャ]を選択します(図2-11)。

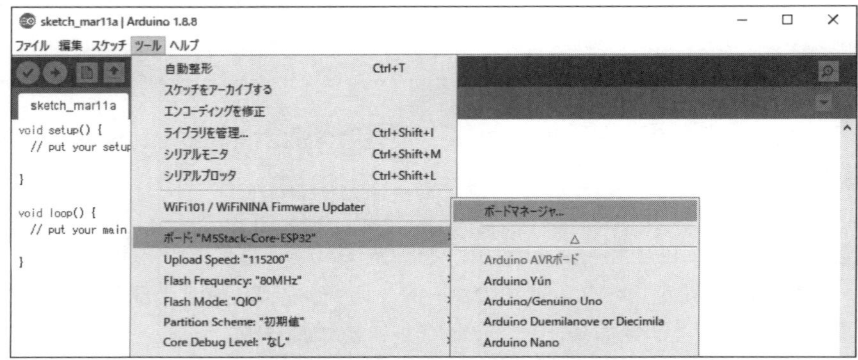

図2-11 [ボード マネージャ]を開く

[4]「esp32」をインストールする

「esp32」を検索し、[**インストール**]をクリックしてインストールします(図2-12)。

※インストールが終わったら、[**閉じる**]をクリックして、この画面を閉じてください。

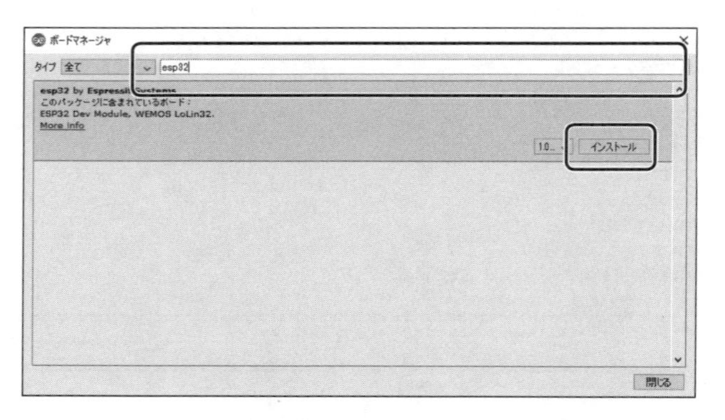

図2-12 「esp32」をインストールする

■「M5Stackライブラリ」をインストールする

引き続き、「M5Stackライブラリ」をインストールします。

手 順 「M5Stackライブラリ」をインストールする

[1] [ライブラリを管理]を開く

「Arduino IDE」の[スケッチ]メニューから、[ライブラリをインクルード]→[ライブラリを管理]をクリックします(図2-13)。

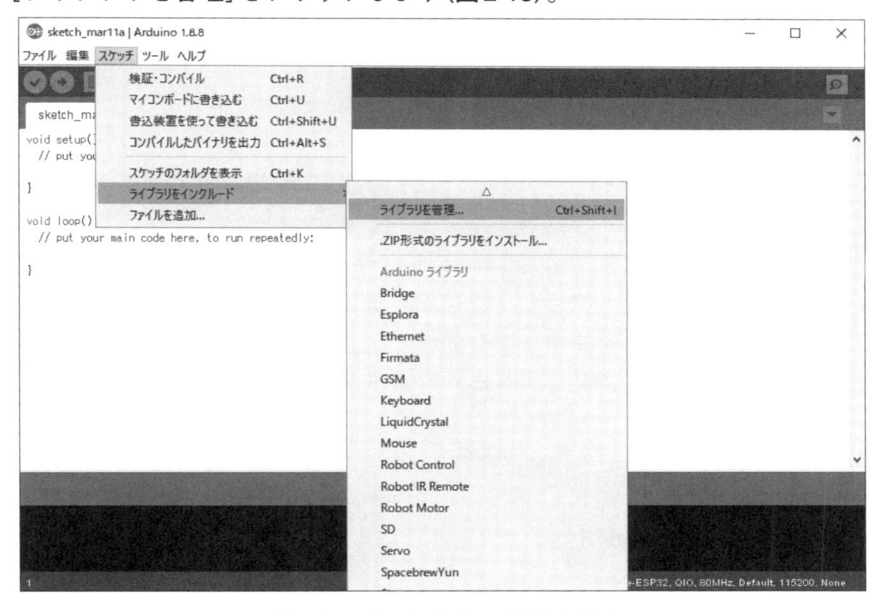

図2-13 [ライブラリを管理]を開く

[2]「M5Stackライブラリ」をインストールする

「m5stack」を検索し、「**M5Stack by M5Stack**」というライブラリをインストールします(図2-14)。

バージョンがいくつかありますが、「最新版」をインストールしておけばいいでしょう。

インストールしたら、[閉じる]ボタンをクリックして閉じてください。

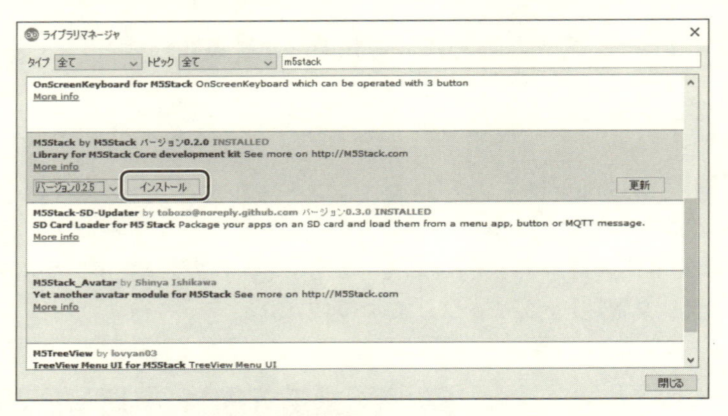

図2-14 「M5Stackライブラリ」をインストールする

2-4 「Hello World」を作る

これで、「USBドライバ」「Arduino IDE」「ライブラリ」のインストールが終わり、M5Stackの開発ができるようになりました。

簡単なサンプルを実際に作ってみましょう。

それを、「M5Stack」で実行するまでの操作をしていきます。

■「ソースコード」を記述する

まずは、Arduino IDE上で、プログラムの「ソースコード」を記述します。

Memo
「Arduino開発」では、プログラムの「ソースコード」のことを、「スケッチ」とも呼びます。

●「ファイル」を新規作成する

[ファイル]メニューから[**新規ファイル**]を選択すると、新しいファイルが作られます。

新規作成したときには、適当なファイル名が付けられます。

また、ファイル名はあとで保存するときに変更できます。

＊

作られたファイルには、**図2-15**に示すように、「setup()」「loop()」という2つの関数があります。

これらの関数に、M5Stackで実行したい処理を記述します。

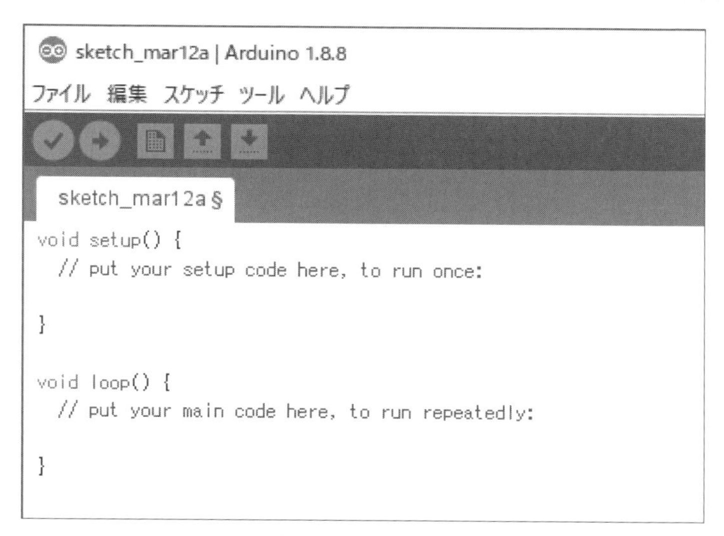

図2-15 新規作成されたプロジェクト

本書はArduinoの入門書ではないので、詳しい説明は省きますが、この2つの関数の役割は、次の通りです。

①setup()関数
最初に1回だけ実行される関数です。
「初期化の処理」などを、ここに記述します。

②loop()関数
繰り返し実行される関数です。
「M5Stackにずっと実行させたい処理」を、ここに記述します。

*

Arduino IDEでのプログラミングは、「C++」の言語に則っています。

```
// put your setup code here, to run once:
```

のように「//」ではじまる行は、「**コメント行**」です。

● コードを書く

図2-15のプログラムに、やりたい処理を追加します。

ここでは、M5Stackの画面に「Hello World」と表示するプログラムを作ってみます。

＊

そのためのプログラムは、**リスト2-1**の通りです。
これを**図2-16**のように、入力します。

> **Memo**
> このプログラムは、入力せずに「スケッチ例」を参照することもできます(**p.36**のコラムを参照)。

リスト2-1 「Hello World」のプログラム

```
#include <M5Stack.h>

void setup(){
  // M5Stackの初期化
  M5.begin();
  // ディスプレイに表示
  M5.Lcd.print("Hello World");
}

void loop() {
}
```

sketch_mar12a | Arduino 1.8.8
ファイル 編集 スケッチ ツール ヘルプ
sketch_mar12a §

```
#include <M5Stack.h>

void setup(){
  // M5Stackの初期化
  M5.begin();
  // ディスプレイに表示
  M5.Lcd.print("Hello World");
}

void loop() {
}
```

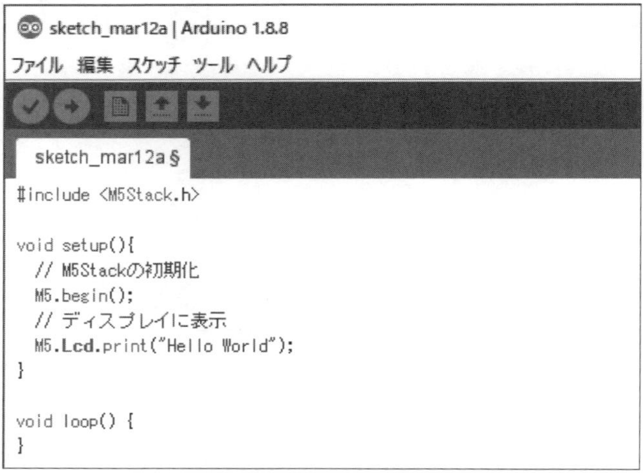

図2-16 プログラムを入力したところ

● 保存する

入力したら、[**ファイル**]メニューから[**保存**]をクリックして保存します。

デフォルトの保存先は、「ドキュメント・フォルダ」(C:¥Users¥ユーザー名¥Documents)の下の「Arduinoフォルダ」です。

普通は、この場所に保存するので問題ありませんが、必要に応じて変更してください。

*

適当な名前を付けて保存すると、「その名前のフォルダ」が出来、その中にプログラム一式が保存されます(**図2-17**)。

Memo

このフォルダにある「hardware」と「libraries」のフォルダは必要なので、消さないでください。

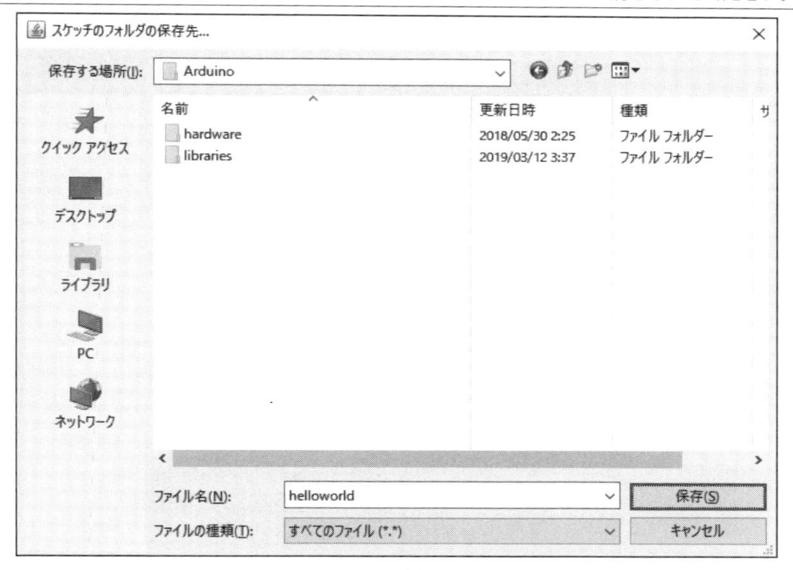

図2-17 名前を付けて保存する

■実行する

プログラムが出来たら、実行してみましょう。

●「M5Stack」を接続する

[1] パソコンに「M5Stack」を接続する

USBケーブルを接続すると電源が入り、「M5Stack」が起動します。

工場出荷時には、簡単なデモ・プログラムが組み込まれています。

そのため、USB電源を入れると、「M5Stackのロゴ」が表示され、音が鳴り、ランダムな四角形や円などが描かれるデモ・プログラムが動き出します。

＊

デモ・プログラムが終わると、引き続きチェック画面となり、前面の押しボタンで、M5Stackの各機能が正常に動作しているか確認できます（図2-18）。

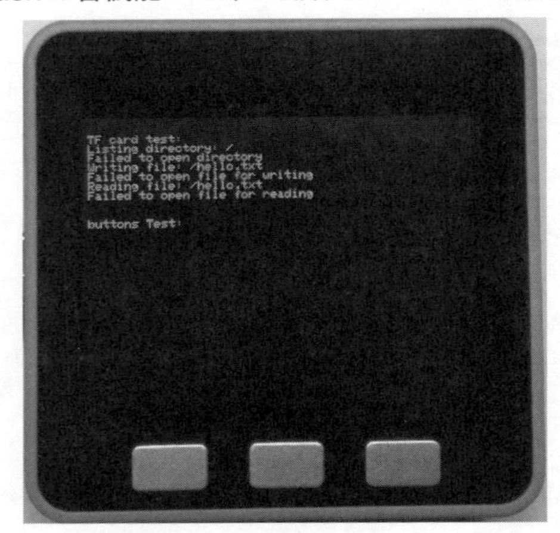

図2-18　電源を入れると「デモ・プログラム」が起動する

●「M5Stack」に書き込む

[2] プログラムを「M5Stack」に書き込む

[スケッチ] メニューから [マイコンボードに書き込む] を選択します（図2-19）。

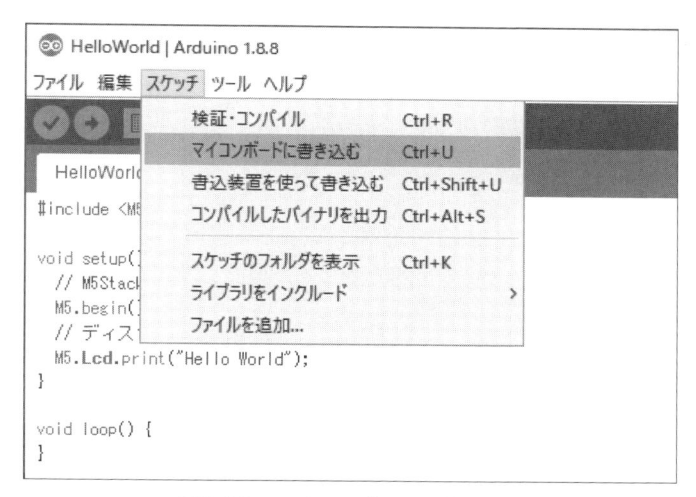

図2-19　マイコンボードに書き込む

この操作でプログラムがコンパイルされます。

プログラムの誤りがなければ、引き続き、「M5Stack」にプログラムが書き込まれていきます(図2-20)。

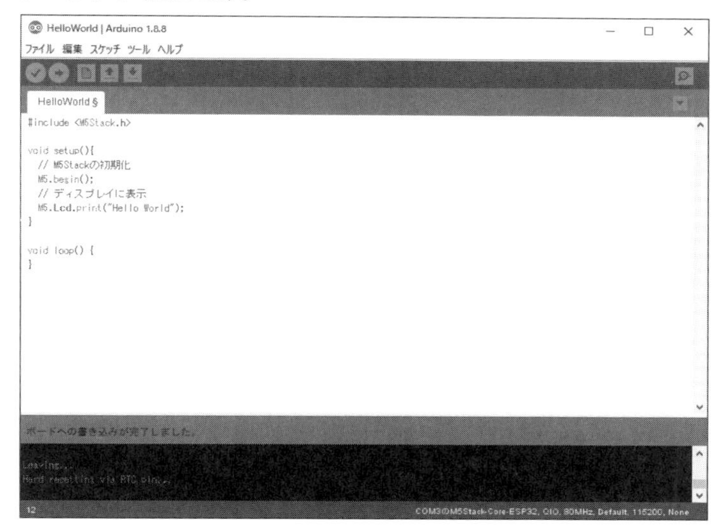

図2-20　書き込みが完了した

書き込みが完了すると、M5Stack上で実行されます。

M5Stackの画面の左上に小さく、「Hello World」と表示されるはずです(図2-21)。

図2-21 「M5Stack」に「Hello World」と表示された

Memo

[マイコンボードに書き込む]ではなく、[検証・コンパイル]を選択すると、「M5Stack」に書き込まず、"コンパイルだけ"をすることができます。

「プログラムの間違いがないか」を確認したいだけのときは、このメニューを選ぶといいでしょう。

Memo

プログラムに間違いがあると、画面下に「エラー・メッセージ」が表示されます。

そのときは確認して修正して、再度、試してみてください。

Column 「スケッチ例」を活用する

M5Stack用のライブラリを「Arduino IDE」にインストールすると、サンプルとなる「スケッチ例」も一緒にインストールされます。

「スケッチ例」は、[ファイル]メニューの[スケッチ例]—[M5Stack]にあります。

本書のリスト2-1として提示した「スケッチ例」は、[Basic]—[HelloWorld]として参照できます。

2-5 M5Stackの「電源」や「再起動操作」

書き込みが完了すれば、以降はパソコンに接続せずに、「M5Stack単体」で動きます。

M5Stackの右側の「電源ボタン」は、押し方によって、次のように動作します(図2-22)。

図2-22 「M5Stack」の「電源ボタン」

①**軽く1回押す**
「再起動」がかかります。

②**軽く2回連続して押す**
電源を「オフ」にします。

③**長押しする**
電源を「オン」にします。

プログラムを「再実行」したいときは、①の「**軽く1回押す**」の操作をしてください。

そうすれば、プログラムが最初から実行されます。

*

「電源を切りたい」ときは、②の「**軽く2回押す**」の操作をしてください。

そして、「再び電源を入れたい」ときは、③の「**長押しする**」の操作をしましょう。

このときも、プログラムは最初から実行されます。

Memo

「最初から実行される」というのは、「ソースコード」で言うと「setup関数から実行される」ということです。

実行中は「loop関数の処理」を、グルグルと回っています。

「M5Stack」の基本

「M5Stack」には、(1)「液晶画面」、(2)「3つの押しボタンスイッチ」、(3)「スピーカー」――という3つの基本機能が搭載されています。

この章では、「M5Stackプログラミングの基礎」と、これらの「基本機能」の使い方を説明します。

3-1 「M5Stackプログラミング」の基本

前章では、「Hello World」と表示するプログラムを作りました。

このプログラムを見ながら、「M5Stackプログラム」の基本構造を説明します。

リスト3-1 「M5Stackプログラム」の基本(リスト2-1の再掲)

```
#include <M5Stack.h>  ―――――――――― ①

void setup(){  ―――――――――――――― ②
  // M5Stackの初期化
  M5.begin();  ―――――――――――――― ③
  // ディスプレイに表示
  M5.Lcd.print("Hello World");  ――― ④
}

void loop() {  ―――――――――――――― ⑤
}
```

■「ライブラリ」のインクルード

「M5Stack」のさまざまな機能を使うには、**「M5Stack.h」**という**「ヘッダ・ファイル」**をインクルードします(①の部分)。

＊

インクルードすることで、この後説明する③や④で使っている**「M5.」**というオブジェクトが使えるようになります。

```
#include <M5Stack.h>
```

■「setup関数」での処理

「setup関数」は、「M5Stackが起動するとき」に、1回だけ実行されます(②の部分)。

この関数には、1回だけ実行したい「初期化のコード」などを記述しておきます。

● 「M5.begin関数」の呼び出し

setup関数内では、はじめに「M5Stack」を初期化します。
そのためのコードが、③の部分にある「M5.begin()」です。

```
M5.begin();
```

「M5.begin関数」では、「通信(UART)の初期化」や「液晶」「電源ボタン」「micro SDカード」などを初期化します。

この「M5.begin関数」を呼び忘れると、M5Stackの大半の機能が利用できません。
はじめに、必ず呼び出すようにしましょう。

● その他のやりたい処理の記述

「M5.begin()」以降には、1回だけ実行したい好きな処理を記述します。

ここでは、④にあるように、**「M5.Lcd.print」**という関数を実行しています。

```
M5.Lcd.print("Hello World");
```

すぐあとに説明しますが、「M5.Lcd」は、「液晶機能」を制御するオブジェクトです。

「print関数」は、「液晶に文字を表示する機能」です。
そのため**第2章**で見たように、実行すると、画面に「Hello World」と表示される、というわけです。

■「loop関数」での処理

「loop関数」は、「setup関数」が実行されたのちに、繰り返し実行される関数です。

この例では何も処理を書いていませんが、すぐあとに、「loop関数」の使い方の例を説明します。

3-2 液晶表示の基礎

「M5Stack」には、「320×240ドットのカラー液晶」が搭載されています。この液晶に、「図形」や「文字」を表示してみましょう。

■ 液晶操作の関数

液晶操作の関数は、「M5.Lcd」というオブジェクトにまとめられています(表3-1)。

> **Memo**
> 「M5Stackライブラリ」には、ドキュメントに記載されていない関数もあります。
> どのような関数があるのかは、「M5Stack」のライブラリのソースコード(https://github.com/m5stack/M5Stack)で確認できます。
> 本書では、ドキュメント化されていない便利な関数も紹介します。

【LCD】
https://docs.m5stack.com/#/ja/api/lcd

表3-1 「M5.Lcd」に用意されている関数

関　数	機　能
`void setBrightness(uint8 t_brightness)`	「明るさ」を変更
`void clearDisplay(uint32_t color=ILI9341_BLACK)`	全体を「黒」で塗る
`void clear(uint32_t color=ILI9341_BLACK)`	同上
`void fillScreen(uint16_t color)`	全体に「色」を塗る
`void drawPixel(int16_t x, int16_t y, [uint16_t color])`	「点」を描く
`void drawLine(int16_t x0, int16_t y0, int16_t x1, int16_t y1, [uint16_t color]);`	「直線」を描く
`void drawTriangle(int16_t x0, int16_t y0, int16_t x1, int16_t y1, int16_t x2, int16_t y2, [uint16_t color]);`	「三角形」を描く
`void drawRect(int16_t x, int16_t y, int16_t w, int16_t h, [uint16_t color]);`	「四角形」を描く
`void drawRoundRect(int16_t x, int16_t y, int16_t w, int16_t h, int16_t r, [uint16_t color]);`	「角が丸い四角形」を描く
`void drawCircle(int16_t x0, int16_t y0, int16_t r, uint16_t color)`	「円」を描く

関数	機能
void d.fillTriangle(int16_t x0, int16_t y0, int16_t x1, int16_t y1, int16_t x2, int16_t y2, uint16_t color)	「塗りつぶされた三角形」を描く
void fillRect(int16_t x, int16_t y, int16_t w, int16_t h, uint16_t color)	「塗りつぶされた四角形」を描く
void fillCircle(int16_t x0, int16_t y0, int16_t r, uint16_t color)	「塗りつぶされた円」を描く
void drawChar(uint16_t x, uint16_t y, **char** c, uint16_t color, uint16_t bg, uint8_t size)	指定位置に「1文字」描画
void drawCentreString(**const char** *string, **int** dX, **int** poY, **int** font)	「中央揃え」で文字列を出力
void drawRightString(**const char** *string, **int** dX, **int** poY, **int** font)	「右揃え」で文字列を出力
void setCursor(uint16_t x0, uint16_t y0)	文字表示の「カーソル位置」を設定
void setTextColor(uint16_t color[, uint16_t backgroundcolor]);	「文字色」(と「背景色」)を設定
void setTextSize(uint8_t size)	テキストを何倍の大きさで表示するかを指定
void setTextWrap(boolean w)	文字の「折り返し」を設定
void print(string str)	カーソル位置に「文字列」を表示
void printf(string str, args...)	「書式付き」で文字列を出力
void println(string str)	「改行付き」で文字列を出力
void drawBitmap(int16_t x, int16_t y, **const** uint8_t bitmap[], int16_t w, int16_t h, uint16_t color)	「ビットマップ画像」を描画
void drawRGBBitmap(int16_t x, int16_t y, **const** uint16_t bitmap[], int16_t w, int16_t h)	「RGB形式のビットマップ画像」を描画
void drawJpg(**const** uint8_t *jpg_data, size_t jpg_len, uint16_t x, uint16_t y)	「JPEG画像」を出力
void drawBmpFile(fs::FS &fs, **const char** *path, uint16_t x, uint16_t y)	「BMPファイル」を出力
void drawJpgFile(fs::FS &fs, **const char** *path, uint16_t x, uint16_t y)	「JPEGファイル」を出力

■ 図形を描画する

簡単なところからはじめましょう。
まずは「四角形」を描いてみます。

M5Stackの液晶画面のサイズは、「320×240ドット」で、左上が「原点(0, 0)」です(**図3-1**)。

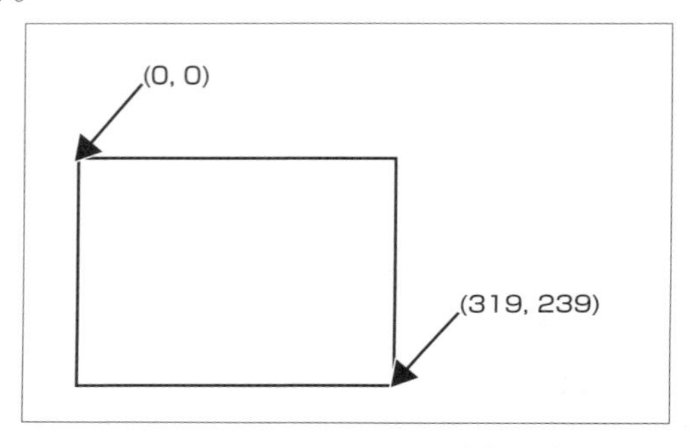

図3-1 M5Stackの座標

＊

ここでは、(100, 100)から「幅50」「高さ60」の「緑色の長方形」を描画してみましょう。

「塗りつぶされた正方形」を描くには、「fillRect関数」を使います。

```
M5.Lcd.fillRect(100, 100, 50, 60, TFT_GREEN);
```

すぐあとに説明しますが、「色」は、「16ビット」で指定します。
「代表的な色」は、「M5Stackライブラリ」で定義されている「定数」を利用できます(**表3-2**)。

【M5Stackライブラリで定義されている定数】
https://github.com/m5stack/M5Stack/blob/master/src/utility/In_eSPI.h

表3-2 利用できる「色」の定数

定 数	色	16進数の値	R	G	B
TFT_BLACK	黒	0x0000	0	0	0
TFT_NAVY	濃紺	0x000F	0	0	128
TFT_DARKGREEN	濃緑	0x03E0	0	128	0
TFT_DARKCYAN	濃水色	0x03EF	0	128	128
TFT_MAROON	栗色	0x7800	128	0	0
TFT_PURPLE	紫色	0x780F	128	0	128
TFT_OLIVE	オリーブ色	0x7BE0	128	128	0
TFT_LIGHTGRAY	薄灰色	0xC618	192	192	192
TFT_DARKGRAY	濃灰色	0x7BEF	128	128	128
TFT_BLUE	青	0x001F	0	0	255
TFT_GREEN	緑	0x07E0	0	255	0
TFT_CYAN	水色	0x07FF	0	255	255
TFT_RED	赤	0xF800	255	0	0
TFT_MAGENTA	マゼンタ	0xF81F	255	0	255
TFT_YELLOW	黄色	0xFFE0	255	255	0
TFT_WHITE	白	0xFFFF	255	255	255
TFT_ORANGE	オレンジ	0xFDA0	255	180	0
TFT_GREENYELLOW	黄緑	0xB7E0	180	255	0
TFT_PINK	ピンク	0xFC9F	255	148	255

＊

たとえば、setup関数にfillRect関数の命令を置いて、**リスト3-2**に示すプログラムを作ってみます。

これをコンパイルして「M5Stack」で実行すると、**図3-2**のように、画面に「緑色の長方形」が描画されます。

ここでは「四角形」しか説明しませんが、「点」「直線」「三角形」「円」も、同様の方法で描画できます。

リスト3-2 「緑色の長方形」を描く例

```
#include <M5Stack.h>

void setup(){
  // M5Stackの初期化
  M5.begin();
  // 緑色の塗りつぶされた四角形を描画
  M5.Lcd.fillRect(100, 100, 50, 60, TFT_GREEN);
}

void loop() {
}
```

図3-2 「緑色の長方形」が描画された

Column 「シリアルモニタ」でデバッグする

プログラムを作っていると、変数の中身を確認したいことがあります。

いわゆる、「printデバッグ」です。

＊

「Arduino開発」では、「Serial.print関数」(改行なし出力)や「Serial.println関数」(改行付き出力)を使うと、データを「シリアル・ポート」に流すことができます。

```
Serial.print(TFT_GREEN);
```

「Arduino IDE」で[**ツール**]メニューから[**シリアルモニタ**]を選択すると、「シリアル・ポート」に出力されたデータをパソコン上で見ることができます。

デバッグのときには、こうした「Serial.print」(または「Serial.println」)によるデバッグを使うと、作業がはかどります。

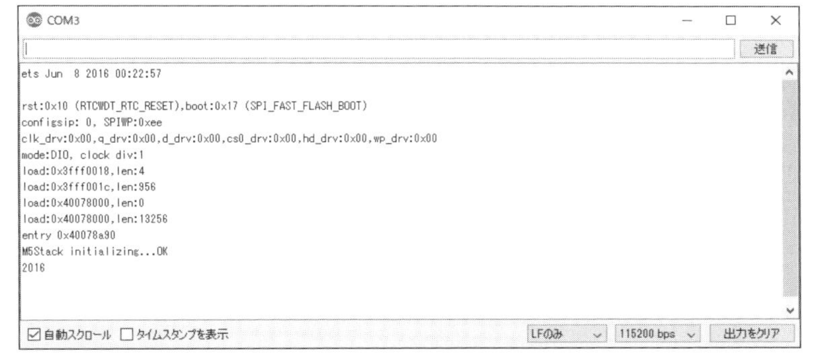

図3-3　シリアルモニタ

■「色指定」は「16ビット」

表3-2以外の「色」を使いたいときには、自分で値を計算します。

「色」の指定は、「16ビット」で、「**RGB565**」と呼ばれる形式です(**図3-4**)。

この方式では、「**R**(**赤**)」「**G**(**緑**)」「**B**(**青**)」の各要素を、それぞれ「5ビット」「6ビット」「5ビット」で表現します。

Memo

「緑」だけビット数が多いのは、「人間の目」は「緑の感度」がいいため、より自然に見せるためです。

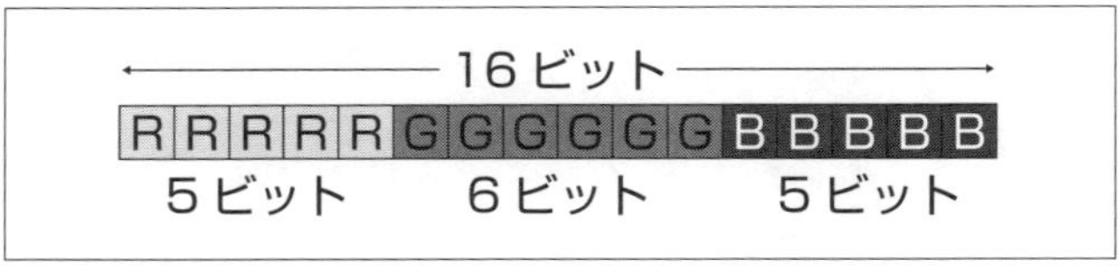

16ビット
R	R	R	R	R	G	G	G	G	G	G	B	B	B	B	B

5ビット　6ビット　5ビット

図3-4 「RGB565」の構造

パソコンでよく使われている、「R、G、B」を、それぞれ0〜255の範囲で示した値(「RGB888」とも呼ばれます)を、「RGB565」に変換するには、次の変換式を使います。

```
result = ((R>>3)<<11) | ((G>>2)<<5) | (B>>3);
```

Memo

「<<」「>>」は「ビットシフト演算子」です。「|」は「論理和演算」を示します。

■ 文字を描画する

次に、「文字」を画面に描画してみましょう。

以下の2つの方法があります。

①「1文字」または「ブロック」で描画する

「drawChar」「drawCentureString」「drawRightString」の各関数を使って、指定した位置に、指定した「色」「フォント」で描画する方法です。

②「カーソル位置」に「print」で表示する

まず、「setCursor関数」を使って、文字出力の位置となる「カーソル座標」を決めます。

それから、「print」「printf(「%文字」を使った書式付き出力)」「println(改行付き出力)」のいずれかを使って出力します。

文字の「色」と「サイズ」は、あらかじめ「setTextColor関数」と「setTextSize関数」で、それぞれ指定しておきます。

また、「setTextWrap関数」を使って「折り返し」を有効にしておくと、文字が画面の右端に至ったときに、折り返すようにできます。

①の方法では、**「フォントの種類」は指定できるけれども「フォントのサイズ」が指定できません。**

②の方法では、逆に、**「フォントのサイズ」は指定できるけれども、「フォントの種類」を指定することはできない**ので、組み合わせて使うことになるでしょう。

Memo

ここで説明する方法では、「日本語」を表示することはできません。
「日本語の表示」については、**第4章**で改めて説明します。

もし、「日本語表示」を中心に考えているのなら、「M5Stackの標準機能の文字出力機能」についてはあまり深入りせず、**第4章**で説明する別のライブラリを使ったほうがいいでしょう。

● フォントの指定

ライブラリでは、9つの「フォント」が定義されています。

それを、「0」から「8」までの値を指定することで、切り替えることができます(**表3-3**)。

表3-3 M5Stackの標準フォント

フォント番号	デフォルトでの読み込み	概　要
0	○	デフォルトの「8ドット」フォント
1	×	利用不可
2	×	「16ドット」フォント
3	×	利用不可
4	×	「26ドット」フォント
5	×	利用不可
6	×	「48ドット」フォント 数字・記号のみ
7	×	「7セグメント」フォント 数字・記号のみ
8	×	「75ドット」フォント 数字・記号のみ

しかし、明示的に読み込まない限りは、メモリの消費量を抑えるために「0番目」のフォントしか使えません。

デフォルトで読み込まれないフォントを使いたいときは、「M5Stack.h」をインクルードするよりも前に、「LOAD_FONT番号」を定義(define)します。

たとえば、**4番目**のフォントを利用したいときは、次のように記述します。

```
#define LOAD_FONT4
#include <M5Stack.h>
```

すると、フォント番号「4」が読み込まれて、利用できるようになります。

Memo
このあたりの詳しい事情については、「M5Stackライブラリ」の「In_eSPI.h」というファイルを参照してください。

● 座標を指定して描画する

フォントについて理解したところで、実際に文字を描画してみましょう。

*

まずは、座標を指定して描画する例から説明します。

リスト3-3に示すプログラムを実行すると、画面の中央に、少し大きめの文字で「Hello」と表示されます(**図3-5**)。

このプログラム例では、画面の中央に表示するために、「drawCentreString関数」を使いました。

ここでは、フォント番号**「4」**を指定し、「26ドットの文字」として表示しています。

```
M5.Lcd.drawCentreString("Hello", 160, 120, 4);
```

すでに説明したように、このフォントを読み込むため、「LOAD_FONT4」を定義している点にも注目してください。

```
#define LOAD_FONT4
```

リスト3-3 「画面中央」に文字を大きく表示する例

```
#define LOAD_FONT4
#include <M5Stack.h>

void setup(){
```

```
  // M5Stackの初期化
  M5.begin();
  // 文字列を画面中央に描画
  M5.Lcd.drawCentreString("Hello", 160, 120, 4);
}

void loop() {
}
```

図3-5 「リスト3-3」の実行結果

●「複数行のテキスト」を表示する

次に、「print関数やprintln関数を使って、テキストを表示する例」を示します。

*

リスト3-4に示すプログラムは、**図3-6**のように複数行に渡る文字を表示するものです。

ここでは、「setTextColor関数」を使って、「文字色」を「赤」(TFT_RED)に設定しています。

また、「setTextSize関数」で「**2**」を指定して、文字サイズを“2倍”にしています。

```
// フォントサイズを設定
M5.Lcd.setTextSize(2);
// 文字の色を設定
M5.Lcd.setTextColor(TFT_RED);
```

そして、「setCursor関数」で出力位置を決め、それから「println関数」で文字出力していきます。

```
// 場所を20, 20の場所に設定
M5.Lcd.setCursor(20, 20);
// 文字列を出力
M5.Lcd.println("ABCDEFGHIJKLMNOPQRSTUVWXYZabcdefghijklmnop
qrstuvwxyz");
M5.Lcd.println("012345678901234567890123456789012345678901
23456789012345678 9");
```

*

「print関数」や「println関数」を実行すると、次に出力すべきカーソルの位置が移動するため、そのまま次の位置から描き続けることができます。

また、このサンプルでは「setTextWrap関数」を実行して、文字列の折り返しを「オン」にしています。

そのため、出力が右端で折り返されている点にも注目してください。

```
// 折り返しをオン
M5.Lcd.setTextWrap(true);
```

リスト3-4　複数行のテキストを表示する例

```
#define LOAD_FONT4
#include <M5Stack.h>

void setup(){
  // M5Stackの初期化
  M5.begin();
  // フォントサイズを設定
  M5.Lcd.setTextSize(2);
  // 文字の色を設定
  M5.Lcd.setTextColor(TFT_RED);
  // 折り返しをオン
  M5.Lcd.setTextWrap(true);
```

```
  // 場所を20, 20の場所に設定
  M5.Lcd.setCursor(20, 20);
  // 文字列を出力
  M5.Lcd.println("ABCDEFGHIJKLMNOPQRSTUVWXYZabcdefghijklmno
pqrstuvwxyz");
  M5.Lcd.println("01234567890123456789012345678901234567890
0123456789012345678 9");
}

void loop() {
}
```

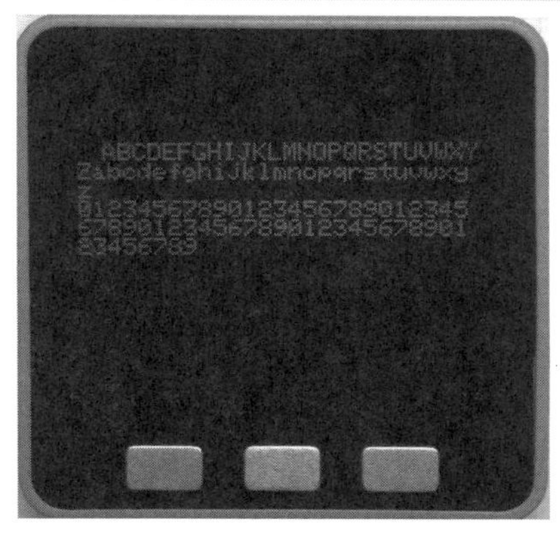

図3-6　リスト3-4の実行結果

■「microSDカード」の画像を表示する

最後に、**「ビットマップ画像」**を表示する方法を説明します。

＊

ビットマップ画像は、点の並びを配列として定義しておき、それを描画することもできますが、「microSDカードに保存した画像」を表示することもできます。

＊

対応している画像フォーマットは、**「BMPファイル」**か**「JPEGファイル」**のいずれかです。

Memo

M5Stackのドキュメントでは、「microSDカード」のことを「TFカード」(Trance Flashカード)と表記しています。
これは、「SDカード」という名称が「SD-3C LLC」の商標であるためです。

● パソコンで「microSDカード」に画像を保存しておく

まずはパソコンで、「microSD カード」に画像を保存しておきます。

フォーマットは、「FAT32」にしてください。

*

ここでは、「microSD カードのルート・フォルダ」に「myface.jpg」というファイルを保存しておきます(**図3-7**)。

Memo

「M5Stack」で画像を拡大縮小して表示する機能は、標準では提供されていません。

そのため、画像ファイルを用意する時点で、M5Stackの液晶画面サイズである「320×240ピクセル」に合わせておくのがいいでしょう。

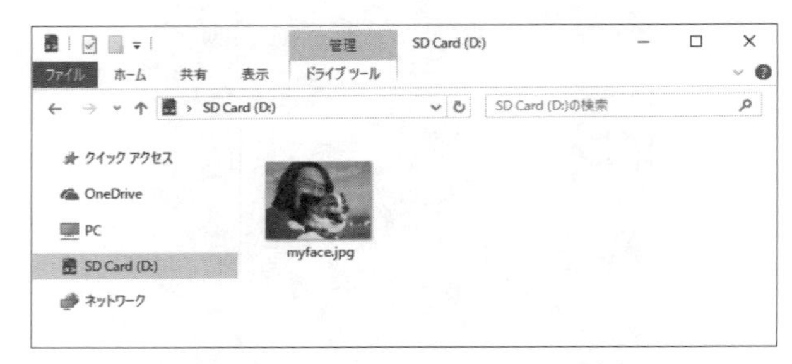

図3-7 「microSDカード」に「myface.jpg」を保存する

● 「M5Stack」に「microSDカード」を装着する

次に、その「microSD カード」を「M5Stack」に装着します。

側面のスロットに奥まで差し込んでください(**図3-8**)。

挿入するときは、「**表**」「**裏**」に注意してください。「金属部分が上の向き」です。

図3-8 側面のスロットに「microSDカード」を差し込む

● プログラムを書いて実行する

microSDカードに格納された「JPEGファイル」を画像として表示するには、「drawJpgFile」という関数を呼び出すだけで簡単にできます。

```
M5.Lcd.drawJpgFile(SD, "ファイル名", X座標, Y座標);
```

たとえば**リスト3-5**のようにすると、液晶に画像が表示されます(**図3-9**)。

> **Memo**
>
> コンパイルしたときに、「SD.hに対して複数のライブラリが見つかりました」というエラーが表示されたときは、「C:¥Program Files(x86)¥Arduino¥libraries¥SDフォルダ」を削除してみてください。

リスト3-5　microSDカードに保存した「JPEG形式のファイル」を表示する例

```
#include <M5Stack.h>

void setup() {
  // M5Stackの初期化
  M5.begin();
  // myface.jpgを表示
  M5.Lcd.drawJpgFile(SD, "/myface.jpg", 0, 0);
}

void loop() {
}
```

図3-9　リスト3-5の実行結果

3-3 3つのボタンを使う

**M5Stackには、「3つのボタン」が付いています。
このボタンの使い方を説明します。**

■「ボタン」の使い方の基本

ボタンは左から順に、**「ボタンA」「ボタンB」「ボタンC」**と呼びます(**図3-10**)。

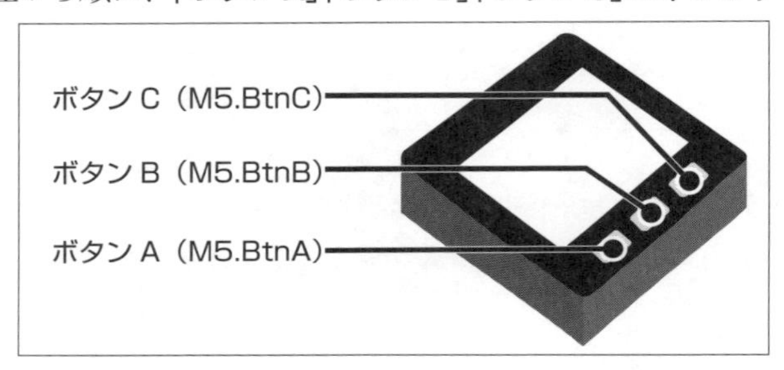

図3-10 3つのボタン

● ボタンを操作する関数

それぞれのボタンは、「M5.BtnA」「M5.BtnB」「M5.BtnC」に対応し、**表3-4**の関数があります。

たとえば、「M5.BtnA.read()」は、「ボタンA」(一番左)が押されていたら「1」、そうでなければ「0」を返します。

> 【Button】
> https://docs.m5stack.com/#/ja/api/button

表3-4 ボタンの関数

関 数	機 能
uint8_t read()	この関数を呼び出した瞬間にボタンが押されていたら「1」、押されていなければ「0」を返す
uint8_t isPressed()	最後に「read()」を呼び出したときの値を返す
uint8_t wasPressed()	押されるたびに、一度だけ「1」を返す
uint8_t pressedFor(uint32_t ms)	指定した時間(ミリ秒)押し続けられているときに「1」を返す

「その瞬間」や「押されるたびに一度だけ」など、いくつかの関数があるので分かり難いですが、次のように使い分けるといいでしょう。

①リアルタイム性が重視されるときや、「同時押し」を判定したいとき

ゲームのように、「押したか押してないかで動きを変える場合」や「同時押しを判定したいとき」などは、**「read関数」**を使うのがいいでしょう。

②ボタンが押されたときに何かしたいとき

「ボタンが押されたらメッセージを表示する」など、ユーザーが押したことを条件に何か処理するときは、**「wasPressed関数」**がいいでしょう。

これは、「read関数」だとタイミングによっては、押した判定を漏らす可能性があるからです。

③「長押し」で何かしたいとき

「長押し」で何かしたいときは、**「pressedFor関数」**を使うといいでしょう。

● ボタンチェックに必須の「update関数」

すぐあとに説明しますが、ボタンが押されたかどうかは、実行中にずっとチェックすることになります。

そのため、Arduinoプログラムの「loop関数」の中に、その判定処理を記述することになります。

```
void loop() {
  if (M5.BtnA.wasPressed()) {
    // ボタンAが押されたときの処理
  }
}
```

しかし、この方法はうまくいきません。

ボタンが押されたかどうかを判定するために、**「M5.update関数」**を呼び出さなければならない、という決まりがあるためです。

```
void loop() {
  if (M5.BtnA.wasPressed()) {
    // ボタンAが押されたときの処理
  }
  M5.update();  // M5.updateの呼び出しが必須
}
```

＊

M5Stackライブラリのソースを見ると分かりますが、「M5.update関数」は、次の処理をしています。

【M5Stackライブラリの「M5Stack.cpp」より抜粋】

```
void M5Stack::update() {
  //Button update
  BtnA.read();
  BtnB.read();
  BtnC.read();
  //Speaker update
  Speaker.update();
}
```

上記にあるように、3つのボタンの「read関数」を呼び出して、現在のボタンの状態を取得しています。

これによって、「isPressed関数」「wasPressed関数」「pressedFor関数」による、**「押されたことを保持して判定する」**とか**「一定時間押されたことを判定する」**という関数が正しく動作するようになります。

＊

なお、いちばん下にある「Speaker.update()」は、次節で説明する「tone関数」を使って音程を鳴らすときに、「スピーカーのオン・オフ」の切り替えを計算する処理をしています。

呼び出さなければ、「音程」が正しく出ません。

こうした理由から、「ボタン」や「スピーカー」に関連する機能を使うときは、**“「loop関数」には、「M5.update」の呼び出しを必ず記述する”**ようにしてください。

そうしないと、「ボタンのオン・オフ」と「スピーカーの音程制御」が、正しく動きません。

Memo

ボタン制御する場合であっても、「read関数」しか使わないのであれば、「M5.update関数」の呼び出しは不要です。

■ ボタンが押されたときに、「円」や「四角形」を描く例

では、ボタンを使った例を見てみましょう。

＊

画面に「四角形」と「円」を描く例です。

3つのボタンは、次のように動作します。

ボタンA：ランダムな「四角形」を描く
ボタンB：ランダムな「円」を描く
ボタンC：画面全体を「黒」で塗りつぶして画面を消す

● プログラム例

プログラムは、**リスト3-6**の通りです。

「ボタンA」や「ボタンB」を押すと、**図3-11**のようにランダムな場所に「四角形」や「円」が描かれます。

リスト3-6　ボタンを押したときに「四角形」や「円」をランダムに描く例

```
#include <M5Stack.h>

void setup(){
  // M5Stackの初期化
  M5.begin();
  M5.Lcd.drawCentreString("Press Key.", 160, 120, 2);

  // 乱数の初期化
  randomSeed(analogRead(0));
}

void loop() {
  // X座標、Y座標、大きさ(半径)を乱数で作る
  long x = random(0, 320);
  long y = random(0, 240);
  long r = random(10, 200);

  if(M5.BtnA.wasPressed()) {
    // ボタンAのときは四角形
    M5.Lcd.drawRect(x - r, y - r, x + r, y + r, TFT_BLUE);
  }
  if(M5.BtnB.wasPressed())
```

```
  {
     // ボタンBのときは円
    M5.Lcd.drawCircle(x, y, r, TFT_RED);
  }
  if(M5.BtnC.wasPressed())
  {
    // ボタンCのときは消去
    M5.Lcd.fillScreen(BLACK);
  }
  M5.update();
}
```

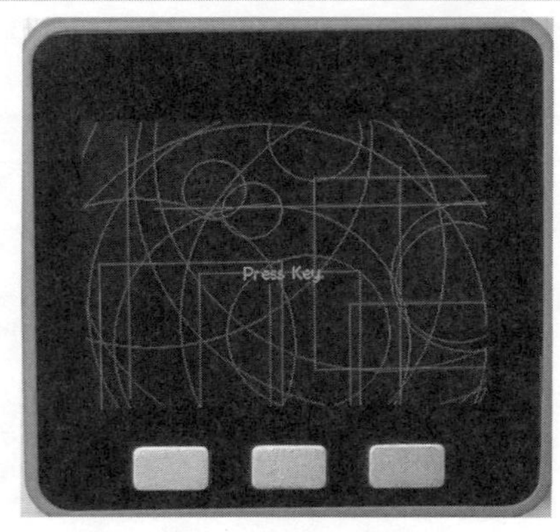

図3-11 リスト3-6の実行結果

●「乱数」の使い方

リスト3-6では「乱数」を使っているので、補足しておきます。

「乱数」は「M5Stack」ではなく、「Arduino言語」で定められている機能です。

【Arduino 日本語リファレンス】
http://www.musashinodenpa.com/arduino/ref/

＊

乱数の「シード」(先頭となる初期値)を設定するには、**「randomSeed関数」**を使います。

引数には、できるだけランダムな値を設定するのが良く、パソコンのプログラムでは、現在時刻などを指定するのが一般的です。

ここでは、M5Stackの「アナログ入力の値」を使いました。

「アナログ入力の値」は、ノイズでふらついているので、こうした用途に使えます。

```
randomSeed(analogRead(0));
```

*

実際に乱数を作るには、「random関数」を使います。

「random関数」は、2つの引数を指定し、「1番目の引数以上、2番目の引数未満」のランダムな整数値を返します。

```
long x = random(0, 320);
long y = random(0, 240);
long r = random(10, 200);
```

Column 「delay関数」は必要?

「Arduinoプログラミング」を経験した人なら、「loop関数内にdelay関数の呼び出しを置いて、マイコンを少し休ませてあげる必要があるのではないか」と思うかも知れません。

```
void loop() {
  if (M5.BtnA.wasPressed()) {
    // ボタンAが押されたときの処理
  }
  M5.update();
  delay(1);  // 少し休ませる
}
```

実際、書いたほうがいいのですが、「M5Stackのライブラリ」(より正確には「ESP32のライブラリ」)では、delay(1)に相当する処理が書かれているため、プログラマーが記述する必要はありません。

ただし、loop関数から戻ることなく、「loop関数内でループ処理するような書き方」をするのであれば、「delay」が必要です。

```
void loop() {
  // ボタンAが押されるまで待つ
  while (M5.BtnA.wasPressed()) {
    M5.update();
    delay(1);  // こうしたループではdelayが必要
  }
  // 何か別の処理
}
```

3-4 音を出す

M5Stackにはスピーカーが内蔵されていて、音を出すことができます。

■スピーカー操作の関数

スピーカー操作の関数は、「M5.Speaker」というオブジェクトにまとめられています(表3-5)。

【スピーカー】
https://docs.m5stack.com/#/ja/api/speaker

表3-5 「M5.Speaker」に用意されている関数

関 数	機 能
void tone(uint16_t freq, [uint32_t duration])	「指定した周波数の音」を、「指定した時間」だけ鳴らす
void beep()	setBeep関数で指定した「周波数の音」と「長さ」を鳴らす。デフォルトは「1kHz」と「100ミリ秒」
void setBeep(uint16_t frequency, uint16_t duration)	beep関数で鳴らす「周波数」と「長さ」を設定する
void mute()	音を止める
void setVolume(uint8_t volume)	playMusic関数で音データを鳴らすときの「ボリューム」を設定する(「tone関数」や「beep関数」での「ボリューム」は変更されない)。
void write(uint8_t value)	指定した「アナログ値データ」をスピーカーに送信する
void playMusic(**const** uint8_t* music_data, uint16_t sample_rate)	データ値の配列をスピーカーに送信して、「サンプリングした音」を鳴らす

■音を鳴らす例

音を鳴らす方法は、主に以下の**2つの方法**があります。

①「tone関数」を使う

「tone関数」を使うと、「指定した周波数の音」を、「指定した時間」だけ鳴らすことができます。

時間は「ミリ秒」で、省略したときは、「mute関数」を呼び出すまで鳴り続けます。

```
M5.Speaker.tone(周波数, 長さ);
```

②「beep関数」を使う

「beep関数」を使うと、「1kHzの音」で100ミリ秒間鳴ります。

「ピッ」と音を鳴らしたいときは、この関数を使うといいでしょう。

「周波数」と「音の長さ」は、「setBeep関数」で変更できます。

*

実際に**音を鳴らすプログラム**を作ってみましょう。

リスト3-7は、

・「ボタンA」を押したときは「ド」
・「ボタンB」を押したときは「ミ」
・「ボタンC」を押したときは「ソ」

の音を鳴らす例です。

「和音」には対応しておらず、別のボタンを押すと、いま鳴っている音は止まります。

リスト3-7 ボタンに対応する音を鳴らすサンプル

```
#include <M5Stack.h>

void setup() {
  // M5Stackの初期化
  M5.begin();
  M5.Speaker.begin();
  M5.Lcd.drawCentreString("Press Key.", 160, 120, 2);
}
```

```
float bfreq = 0;

void loop() {
  bool pressed = false;
  float freq[] = {261.6, 329.6, 392.6};
  float nowfreq;
  if(M5.BtnA.read()) {
   // ド
   nowfreq = freq[0];
   pressed = true;
  }
  if(M5.BtnB.read())
  {
   // ミ
   nowfreq = freq[1];
   pressed = true;
  }
  if(M5.BtnC.read())
  {
   // ソ
   nowfreq = freq[2];
   pressed = true;
  }
  if (pressed) {
    // 押されている
    // 前回と変わったときだけ音程を変える
    if (bfreq != nowfreq) {
      M5.Speaker.tone(nowfreq);
      bfreq = nowfreq;
    }
  }
  if (!pressed) {
    // どれも押されていないときは止める
    M5.Speaker.mute();
    bfreq = 0;
  }

  M5.update();
}
```

*

「音階と周波数の関係」を**表3-6**に示します。

この表は、中央の「ド(C4)の周波数」で、オクターブが上がると周波数は

“倍”に、下がると“半分”になります。

このサンプルでは、押しっ放しのときに限って音を鳴らしたいので、「wasPressed関数」ではなく、「その時点で押されているかどうかを判定するread関数」を使っている点に注目してください。

どれも押されていないときは、「mute関数」を実行することで、音を止めています。

表3-6　音階と周波数の関係

音　階	周波数(Hz)
ド	261.6
ド♯	277.2
レ	293.7
レ♯	311.1
ミ	329.6
ファ	349.2
ファ♯	370,0
ソ	392.0
ソ♯	415.3
ラ	440.0
ラ♯	466.2
シ	493.9

3-5 「9軸センサ」を使う

M5Stackの「GRAYモデル」には、「MPU9250」という型番の「9軸センサ」が内蔵されています。

この「9軸センサ」は、「MPU6500という3軸ジャイロセンサならびに3軸加速度センサ」と「AK8963という3軸磁気センサ」の2種類を含んだものです。

そのため、初期化や操作のための関数は、それぞれのセンサに対応したものが用意されています。

■「9軸センサ」の関数

9軸センサの関数は、「MPU9250」というオブジェクトにまとめられています(表3-7)。

【IMU Sensor MPU9250】
https://docs.m5stack.com/#/ja/api/mpu9250

表3-9 「3軸センサ」の関数

関　数	機　能
void initMPU9250()	「MPU6500」を初期化
void initAK8963(**float** * destination)	「AK8963」を初期化
void calibrateMPU9250(**float** * gyroBias, **float** * accelBias)	「MPU6500」をキャリブレート
uint8_t readByte(uint8_t address, uint8_t subAddress)	「MPU9250」の「指定レジスタ」から、1バイト読み込む
void readGyroData(int16_t * destination)	「3軸ジャイロセンサ」の値を取得
void readAccelData(int16_t * destination)	「3軸加速度センサ」の値を取得

■「9軸センサ」の使い方

「9軸センサ」の機能をすべて理解するのは、少し難しいです。

まずは、提供されている公式のサンプルを真似るのがいいでしょう。

*

すでに説明したように、「GRAYモデル」は、「ジャイロセンサ」「加速度センサ」「磁気センサ」の3つのセンサが内蔵されていますが、ここでは、「加速度センサ」を使って、「M5Stackの向き」を判定する方法に限って説明します。

●「MPU9250オブジェクト」の準備

「MPU9250オブジェクト」は、標準の「M5.」の中にはなく、自分で作る必要があります。

たとえば、「MPU9250.hファイル」を読み込んで、次のようにします。

```
#include "utility/MPU9250.h"

// MPU9250オブジェクトを作る
MPU9250 IMU;
```

こうすると、「IMU.」で、**表3-7**に示した関数を利用できます。

Memo

「IMU」は変数名なので、任意の名称でかまいません。

● 初期化

Arduinoのsetup関数内では、**「MPU9250」を初期化**します。

このチップは「I2C」に接続されているため、先行して「I2C」を初期化する必要があります(「I2C」については、**第5章**で説明します)。

「I2C」を初期化するには、**「Wire.begin()」**を呼び出します。

```
void setup(){
  // M5Stackの初期化
  M5.begin();
  // I2Cの初期化
```

```
  Wire.begin();
  // MPU9250の初期化
  IMU.initMPU9250();
}
```

● データの読み取り

データを読み取るときは、センサの準備が出来たことを確認する必要があります。

そのためには、次のような「フラグ」で判定します。

```
// 読み取れるまで待つ
if (IMU.readByte(MPU9250_ADDRESS, INT_STATUS) & 0x01) {
  ・・・読み取り処理・・・
}
```

「加速度の値」を取得するには、次のようにします。

「readAccelData関数」で「加速度の値」を読み取り、getAres関数で補正値となる「aResの値」を取得します。

そして、それを掛け算する、という流れです。

```
// X、Y、Zの値を得る
float x, y, z;
IMU.readAccelData(IMU.accelCount);

// aResの値を得る
IMU.getAres();
x = IMU.accelCount[0] * IMU.aRes;
y = IMU.accelCount[1] * IMU.aRes;
z = IMU.accelCount[2] * IMU.aRes;
```

この計算によって、それぞれの「軸」に対する加速度が求められます。

単位は**「1G（重力加速度）」**です。

静止した状態でM5Stackの液晶を上にして置けば、「Z軸の加速度」が「1」にとても近い値になります（誤差があるため、完全に「1」にはなりません）。

M5Stackを裏返せば(液晶を下にして置けば)、「-1」です。

*

同様に、左右に向ければ「X軸」が変化し、前後に向ければ「Y軸」が変化します(図3-12)。

「加速度センサ」なので、大きく振るほど、その軸の値は、**「1よりもずっと大きな値」**になります。

> **Memo**
> 本書では説明しませんが、「calibrateMPU9250関数」を使うと、キャリブレーションできます。
> 大きく値がズレてきたときは、M5Stackの液晶を上にしてこの関数を呼び出すと、「補正値」が更新され、正しい値を返すようになります。

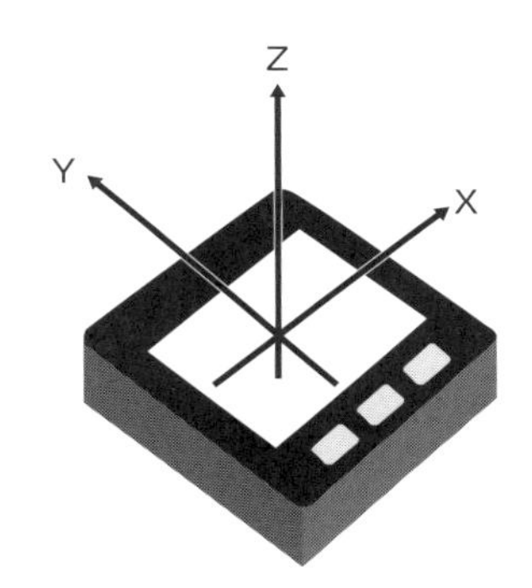

図3-12 「M5Stack」の加速度の軸の向き

■「9軸センサ」を使ったプログラム例

「9軸センサ」を使って、実際に「M5Stackの向き」を液晶に表示する例を、**リスト3-8**に示します。

リスト3-8は、向きによって、「UP」「DOWN」/「LEFT」「RIGHT」/「FRONT」「BACK」のいずれかの文字列を液晶画面に表示する、というものです(図3-13)。

*

この例は、とても簡単なものです。

たとえば、傾きに合うような線を表示するとか、「左」や「右」に向けたときに、特定の動作をするようなプログラムは、これを応用して作れるはずです。

リスト3-8 「9軸センサ」を使ったプログラム例

```
#define LOAD_FONT4
#include <M5Stack.h>
#include "utility/MPU9250.h"

// MPU9250オブジェクトを作る
MPU9250 IMU;

void setup(){
  // M5Stackの初期化
  M5.begin();
  // I2Cの初期化
  Wire.begin();
  // MPU9250の初期化
  IMU.initMPU9250();
}

void loop() {
  float x, y, z;
  String msg;

  // 読み取れるまで待つ
  if (IMU.readByte(MPU9250_ADDRESS, INT_STATUS) & 0x01) {
    msg = "-";
    // 加速度を取得する
    // X、Y、Zの値を得る
    IMU.readAccelData(IMU.accelCount);
    // aResの値を得る
    IMU.getAres();
    x = IMU.accelCount[0] * IMU.aRes;
    y = IMU.accelCount[1] * IMU.aRes;
    z = IMU.accelCount[2] * IMU.aRes;
    // 向きを判定
    if (abs(x) > 0.5) {
      msg = (x < 0) ? "RIGHT" : "LEFT";
    }
    if (abs(y) > 0.5) {
      msg = (y < 0) ? "BACK" : "FRONT";
    }
    if (abs(z) > 0.5) {
      msg = (z < 0) ? "DOWN" : "UP";
    }
    M5.Lcd.clear();
```

```
    M5.Lcd.drawCentreString(msg, 160, 120, 4);
    // 必要ないけれども、そんなに更新しても意味がないので
    // 少し休ませる
    delay(500);
  }
}
```

図3-13　リスト3-8の実行結果

Column 「バッテリ」に関する機能

本書では説明しませんが、「M5Stackライブラリ」には、ここで紹介している以外に、「電源に関する機能」もあります。

【Power】
https://docs.m5stack.com/#/ja/api/power

「電源機能に関する関数」を使うと、「充電中かどうか」を調べたり、「スリープ・モード」に入ったり、「本体をリセット」したりする操作ができます。

「M5Stack」を使いこなそう

「M5Stack」には、さまざまなライブラリがあります。
それらを使えば、「標準ライブラリ」ではできないことも、実現できるようになります。
この章では、「日本語表示」や「音声合成」、「音楽の再生」などを説明します。

4-1 日本語を表示する

第3章で説明したように、「標準ライブラリ」では、「英語」しか表示できません。

しかし、追加のライブラリをインストールすれば、「日本語表示」ができるようになります。

■ 日本語表示のためのライブラリ

「日本語表示のためのライブラリ」はいくつかありますが、ここでは、「たま吉さん」の「Arduino-KanjiFont-Library-SD」というライブラリを使うことにします。

このライブラリは、「M5Stack専用」ではなく、「Arduino汎用」のライブラリです。

「美咲フォント」「ナガ10」「東雲フォント」「Kappa20」「X11R6」のビットマップ・データ(これらは配布物に含まれています)をmicroSDカードに入れておくと、文字コードに応じた、それらのビットマップ・データを取得できます(表4-1)。

【たま吉さん】
https://github.com/Tamakichi

Memo

本書では「Arduino-KanjiFont-Library-SD」を使いますが、同じく、「たま吉さん」作のESP8266のフラッシュメモリ」にフォントを入れる、「ESP8266-KanjiFont-Library-SPIFFS」もあります。
こちらを使えば、「microSDカード」は必要ありません。

表4-1 「Arduino-KanjiFont-Library-SD」がサポートするフォント

フォント・サイズ	利用フォント	フォント登録数
8x4	美咲半角フォント	191
8x8	美咲フォント	6879
10x5	ナガ10 半角	256
10x10	ナガ10	6877
12x6	東雲半角フォント	256
12x12	東雲フォント	6879
14x7	東雲半角フォント	256
14x14	東雲フォント	6879
16x8	東雲半角フォント	256
16x16	東雲フォント	6879
20x10	Kappa20 半角	190
20x20	Kappa20	6879
24x12	X11R6半角フォント	221
24x24	X11R6フォント	6877

● ライブラリをインストールする

「Arduino-KanjiFont-Library-SD」を利用するには、ライブラリのダウンロードとインストールが必要です。

Memo

ライブラリはGitHubで公開されており、本来なら、「gitコマンド」を使って取得するのが、いいやり方です。

そうすれば、ライブラリが更新されたときに、「git pullコマンド」で最新版を取得できるからです。

しかし、本書では、そこまで複雑な話をしたくないので、ここでは「GitHubから全部まとめてZIP形式でダウンロードする方法」を説明します。

手順 「Arduino-KanjiFont-Library-SD」をインストールする

[1]「Arduino-KanjiFont-Library-SD」をダウンロードする

「Arduino-KanjiFont-Library-SDのページ」を、ブラウザで開きます。

[Clone or download]ボタンをクリックし、[Download ZIP]をクリックします(図4-1)。

【Arduino-KanjiFont-Library-SD】
https://github.com/Tamakichi/Arduino-KanjiFont-Library-SD

図4-1 「Arduino-KanjiFont-Library-SD」をダウンロードする

[2]ライブラリを「libraryフォルダ」にコピーする

手順[1]でダウンロードしたZIPファイルを展開します。

すると、**図4-2**に示すフォルダが現われます。

このうち、「librariesフォルダの中身(sdfontsフォルダ)」をArduino IDEの「libraryフォルダ」にコピーします。

デフォルトでは、「libraryフォルダ」は「C:¥Users¥ユーザー名¥Documents¥Arduino¥libraries」です(**図4-3**)。

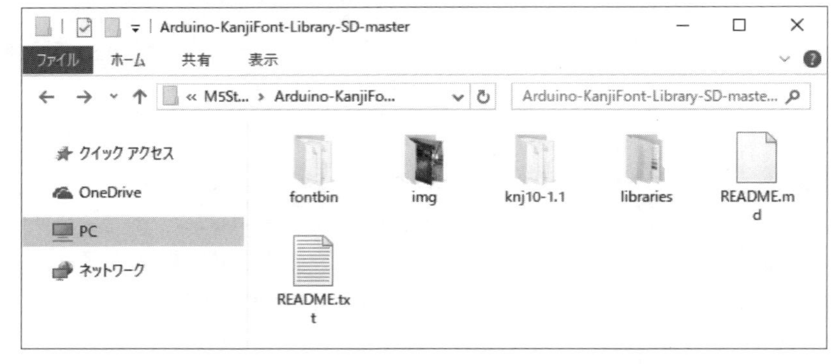

図4-2 展開したZIPファイルの中身(「librariesフォルダ」の中に「sdfontsフォルダ」がある)

図4-3　「libraryフォルダ」にコピーしたところ

[3] ライブラリを修正する

「M5Stack」では、構成の違いから、このままでは動作しません。

次の２つのファイルを変更します。

①「sdfonts.h」の26行目

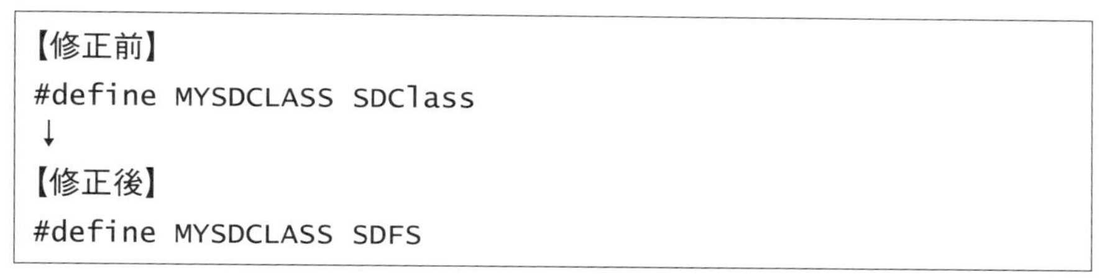

【修正前】

```
#define MYSDCLASS SDClass
```

↓

【修正後】

```
#define MYSDCLASS SDFS
```

②「sdfonts.cpp」の25行目、26行目

【修正前】

```
#define FONTFILE    "FONT.BIN"       // フォントファイル名
#define FONT_LFILE "FONTLCD.BIN"   // グラフィック液晶用フォントファイル名
```

↓

【修正後】

```
#define FONTFILE    "/FONT.BIN"       // フォントファイル名
#define FONT_LFILE "/FONTLCD.BIN"   // グラフィック液晶用フォントファイル名
```

[4]フォントを「microSDカード」にコピーする

展開したフォルダの「fontbinフォルダ」を開くと、「FONT.BIN」と「FONTLCD.BIN」という2つのファイルがあります。

この2つのファイルを、「**microSDカードのルート**」にコピーします(**図4-4**)。

そして、この「microSDカード」を、「M5Stack」に装着します。

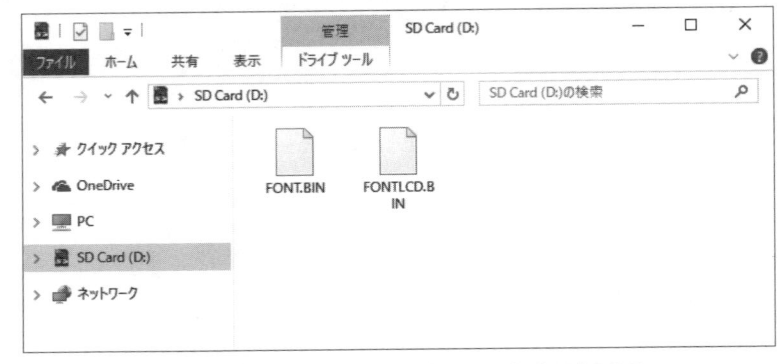

図4-4 フォントを「microSDカード」にコピーする

■「日本語」を表示するサンプル

以上で、事前準備は完了です。

*

「sdfonts.h」というヘッダ・ファイルをインクルードすると、「SDfonts」というオブジェクトを通じて、「漢字のビットマップ・データ」を得ることができます(**表4-2**)。

得られるのはビットマップ・データなので、それを描画するのはプログラマーの責任です。

具体的には、**第3章**で説明した「M5.LCD.drawPixcel関数」などを使って、「点」を打つことで描画します。

```
#include <sdfonts.h>
```

表4-2 「SDfonts」のメンバ関数

【オブジェクトのメンバ関数】

関 数	機 能
bool init(uint8_t cs)	初期化。 「cs」はSDカードが接続された「CSピン番号」
void setLCDMode(bool flg)	「フォント・データの並び」を変更する。普通は「flg」を「0」にする(デフォルト)。 「1」にすると「縦並び」になる
bool open(**void**)	「フォントファイル」を開く
void close(**void**)	「フォントファイル」を閉じる
void setFontSizeAsIndex(uint8_t sz)	フォントを「サイズ番号」(0~6)で指定
uint8_t getFontSizeIndex()	現在選択しているフォントの「サイズ番号」を取得
void setFontSize(uint8_t sz)	フォントを「サイズ(8,10,12,14,16,20,24)」で指定。 存在しないフォント・サイズを指定したときには、近いものが選択される
uint8_t getFontSize()	現在選択しているフォントの「サイズ」を取得する
boolean getFontData(byte *fontdata, uint16_t utf16)	「指定したUTF16コード」に対応する「フォント・データ」を、「fontdata」に設定
char *getFontData(byte* fontdata, **char** *pUTF8)	「pUTF8」に含まれる「先頭1文字のフォント・データ」を、「fontdata」に設定。 戻り値は、「次の文字」を示すポインタ
char* getFontData(byte* fontdata,**char** *pUTF8)	現在選択しているフォントの「横バイト数」を返す
uint8_t getRowLength()	直前にgetFontData関数で取得したデータの「バイト数」を返す
uint8_t getWidth()	現在選択しているフォントの「幅」(ピクセル数)を返す
uint8_t getHeight()	現在選択しているフォントの「高さ」(ピクセル数)を返す
uint8_t getLength()	利用フォントの「データ・サイズ」(バイト数)を返す
uint16_t getCode()	直前にgetFontData関数で取得したデータの「文字コード」(UTF-16)を返す

【クラスのメンバ関数】

関　数	機　能
static uint8_t sdfonts::charUFT8toUTF16(uint16_t *pUTF16,**char** *pUTF8)	「UTF8文字」を「UTF16文字」に変換
static uint8_t sdfonts::Utf8ToUtf16(uint16_t* pUTF16, **char** *pUTF8)	「UTF8文字列」を「UTF16文字列」に変換

● 日本語表示の例

ビットマップを取得したり、描画したりするプログラムは少し長いので、ここでは先にサンプルを示して、それからプログラムの説明をしていくことにします。

Memo

コンパイルしたときに、「SD.hに対して複数のライブラリが見つかりました」というエラーが表示されたときは、「C:¥Program Files（x86）¥Arduino¥libraries¥SDフォルダ」を削除してみてください。

リスト4-1は、画面に「日本語」を表示するサンプルです。
実行結果は、**図4-5**の通りです。

リスト4-1　「日本語」を表示するサンプル

```
#include <M5Stack.h>
#include <sdfonts.h>

// 日本語を1文字出力する関数
void drawJapaneseChar(int16_t x, int16_t y, byte *buf,
uint16_t color) {
  int16_t offsetx = 0, offsety = 0;

  // フォントの幅と高さを取得
  uint8_t width = SDfonts.getWidth();
  uint8_t height = SDfonts.getHeight();

  // フォントを展開して描画
  for (int16_t iy = 0; iy < height; iy++) {
```

```
    for (int16_t ix = 0; ix < width; ix += 8) {
      byte b = *buf;
      buf++;
      for (int16_t i = 0; i < 8; i++) {
        if (b & 0x80) {
          M5.Lcd.drawPixel(x + ix + i, y + iy, color);
        } else {
          M5.Lcd.drawPixel(x + ix + i, y + iy, TFT_BLACK);
        }
        b <<= 1;
      }
    }
  }
}

// 日本語文字列を出力する関数
void drawJapanese(int16_t x, int16_t y, char* str, uint8_t
sz, uint16_t color) {
  // 文字データを格納するバッファ
  // このフォントは最大24×24なので、24×24÷8 = 72バイトあればOK
  byte buf[MAXFONTLEN];
  // サイズの設定
  SDfonts.setFontSize(sz);
  // 1文字ずつ取り出して描画
  char* next = str;
  unsigned int width = SDfonts.getWidth();
  unsigned int height = SDfonts.getHeight();

  while (next = SDfonts.getFontData(buf, next)) {
    // bufの値を描画
    drawJapaneseChar(x, y, buf, color);
    // 横に文字幅分だけ移動する
    x += width;
    if (x > 320 - width) {
      x = 0;
      y += height;
    }
    // 改行対応
    while (*next == '\n') {
      x = 0;
      y += height;
      next++;
    }
  }
```

```
}

void setup() {
  // M5Stackの初期化
  M5.begin();
  // フォントの初期化
  // (M5StackのSDカードのCSは4番)
  SDfonts.init(4);
  // フォントを開く
  SDfonts.open();
  // 文字の表示
  drawJapanese(0, 0,
    "甘納豆¥n"
    "甘納豆の始まりは、納豆屋の丁稚が躓いて砂糖をぶちまけたことから始まった。そう信じていたが違ったようだ。"
    "どうやら柿の種の誕生物語と混同したようである。¥n"
    "それはそうと甘納豆には、しっとりしたものとさっぱりしたものがある。私はしっとり好きだが、"
    "どうやら家内は、さっぱりしたほうが好みの様子である。砂糖から出る汁を吸った、ふっくらとした艶やかな良さがわからないのだろうか。",
    24, TFT_WHITE);
  // フォントを閉じる
  SDfonts.close();
}

void loop() {
}
```

図4-5 「リスト4-1」の実行結果

■日本語表示の流れ

日本語表示する流れは、次の通りです。

●初期化

ライブラリを使うため、「sdfonts.h」をインクルードします。

```
#include <sdfonts.h>
```

そして、初期化します。

初期化には、**「init関数」**を使います。
引数には、microSDカードが接続されている「CSピン」の値を設定します。
「M5Stack」では、**「4番」**に設定されています。

*

そのため、次のようにします。

```
SDfonts.init(4);
```

次に、**「open関数」**を呼び出して、「フォント・ファイル」を開きます。

```
SDfonts.open();
```

●「文字」の描画

リスト4-1では、「日本語文字列」を描く関数を、「drawJapanese」という名前の関数にまとめました。

```
drawJapanese(x座標, y座標, 文字列, サイズ, 色);
```

この関数では、文字列を1文字ずつ取り出して描画します。
「フォントの文字イメージ」は、**図4-6**に示すように、「フォントのサイズに応じたバイト数ぶんの配列」として構成されます。

Memo

これはデフォルトの場合です。
「setLCDMode(1)」にすると、構造が90度回転したものとなります。

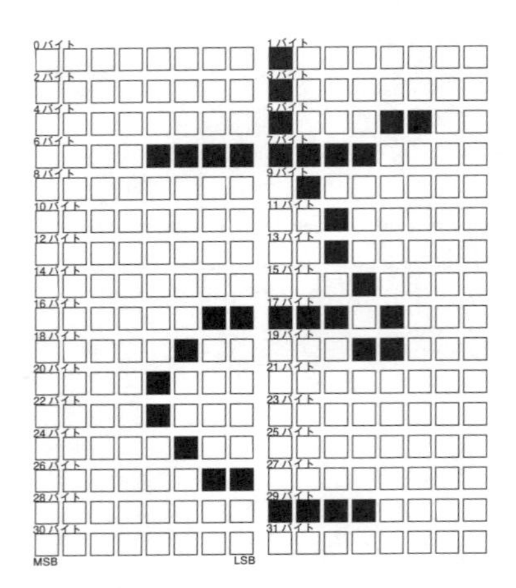

図4-6 フォントの「文字イメージ」の例

図4-6は、「16×16ドット」の構成なので、全部で「16÷8×16=32バイト」です。

このライブラリは、最大「24×24ドット」のフォントまでサポートするため、1文字当たりの最大の必要バイト数は、「24÷8×24=72バイト」です。

この値は、ライブラリにおいて、**「MAXFONTLEN」**という値として定義されています。

そこで、次のようにして、1文字ぶんの「バッファ」を確保しておきます。

```
byte buf[MAXFONTLEN];
```

フォント・データを取得するには、まず、「フォント・サイズ」を指定します。

「setFontSize関数」または「setFontSizeAsIndex関数」を使いますが、ここでは**「setFontSize関数」**を使っています。

```
SDfonts.setFontSize(sz);
```

このとき文字の「幅」と「高さ」は、それぞれ**「getWidth関数」**と**「getHeight関数」**で取得できます。

```
unsigned int width = SDfonts.getWidth();
unsigned int height = SDfonts.getHeight();
```

＊

文字を1文字ずつ取り出して、そのフォント・データを取得するには、**「getFontData関数」**を呼び出します。

```
while (next = SDfonts.getFontData(buf, next)) {
  // bufの値を描画
  drawJapaneseChar(x, y, buf, color);
  ･･･略･･･
}
```

「getFontData関数」を呼び出すと、第2引数で指定した文字列の「先頭1文字のビットマップ・データ」が、第1引数のポインタに格納されて戻ってきます。

このとき、戻り値として、「次の文字の場所」が返されます。

そのため、上記に示す「whileによるループ」で、「全文字のビットマップ・データ」を、次々に取り出すことができます。

*

「ビットマップ・データ」を、実際に「文字」として描画するには、上記のように「drawJapaneseChar関数」を呼び出しています。

この関数は、**リスト4-1**に示したように、得たビットマップを1点ずつ「M5.Lcd.drawPixcel」で描画しているだけなので、解説は省きます。

● 後処理

すべての処理が終わったら、**「close関数」**を呼び出して、「フォント・ファイル」を閉じます。

```
SDfonts.close();
```

4-2 音楽を鳴らす

追加のライブラリを使えば、音楽ファイルである「MP3ファイル」を、内蔵スピーカーから鳴らすこともできます。

■ MP3再生ライブラリ

「MP3」を再生するには、次の2つのライブラリが必要です。

---

①ESP8266Audio

「ESP8266」や「ESP32」を搭載したマイコンで、「WAV」「MP3」「AAC」などのデータを再生するライブラリ。

【ESP8266Audio】
https://github.com/earlephilhower/ESP8266Audio

②ESP8266_Spiram

「ESP8266」や「ESP32」のフラッシュメモリの一部をストレージとして使うためのライブラリ。

【ESP8266_Spiram】
https://github.com/Gianbacchio/ESP8266_Spiram

● ライブラリをインストールする

この2つのライブラリは、次のようにインストールします。

手 順　「MP3」の再生に必要な2つのライブラリをインストールする

[1] ライブラリをダウンロードする

4-1節で説明したのと同じ方法で、それぞれの「GitHubのページ」にアクセスし、[Clone or download]→[Download ZIP]をクリックすることでダウンロードします(図4-7)。

図4-7　ライブラリをダウンロードする
(画面は「ESP8266Audio」の場合。「ESP8266_Spiram」も同様にしてダウンロードする)

[2]「Arduino IDE」にインストールする

「Arduino IDE」を起動し、[スケッチ]メニューから[ライブラリをインクルード]→[.ZIP形式のライブラリをインストール]を選択し、手順[1]でダウンロードしたZIPファイルを選択(図4-8)。

すると、そのライブラリをインストールできます。

図4-8　ライブラリをインストールする
(画面は「ESP8266Audio」の場合。「ESP8266_Spiram」も同様にしてインストールする)

■「MP3」を再生するサンプル

「MP3」を再生するプログラムは、**リスト4-2**の通りです。

このプログラムは、「microSDカードのルート・ディレクトリ」に保存された「music.mp3というファイル」を再生するものです。

あらかじめmicroSDカードに、その名前のファイルを保存しておき、M5Stackに装着しておいてください。

実行すると、その「music.mp3ファイル」が再生されます。

M5Stackの「ボタンA」(いちばん左のボタン)を押すと、再生が止まります。

> ※コンパイル時に「BLEのエラー」が出たときは、「ESP32 BLE for Arduino」を、さらに追加でインストールしてみてください(https://github.com/nkolban/ESP32_BLE_Arduino/)

*

なお、「M5Stackの音」は、とても大きいので、注意してください。

インターネットを探すと、音を小さくしたり、「ボリューム」を付けたりするような改造記事が見つかります。

そうした改造をしてみるのもいいでしょう。

リスト4-2 「MP3」を再生する例

```
#include <M5Stack.h>
#include "AudioFileSourceSD.h"
#include "AudioOutputI2S.h"
#include "AudioGeneratorMP3.h"

AudioFileSourceSD *file;
AudioOutputI2S *out;
AudioGeneratorMP3 *mp3;

void setup() {
  // M5Stackの初期化
  M5.begin();

  // ファイルの読み込み
  file = new AudioFileSourceSD("/music.mp3");

  // 出力先のI2Sを設定
```

```
  out = new AudioOutputI2S(0, AudioOutputI2S::INTERNAL_DAC);
  // モノラルに設定
  out->SetOutputModeMono(true);

  // MP3ジェネレータを作成
  mp3 = new AudioGeneratorMP3();

  // 再生
  mp3->begin(file, out);
}

void loop() {
  if (mp3->isRunning()) {
    if (!mp3->loop()) {
      // 再生が終わったら止める
      mp3->stop();
    }
    // ボタンAが押されていたときも止める
    if(M5.BtnA.wasPressed()) {
      M5.Lcd.print("stop.");
      mp3->stop();
    }
  }
  M5.update();
}
```

■「MP3」を再生する流れ

「MP3」を再生する流れは、次の通りです。

●「初期化」と「ファイルの読み込み」

ライブラリを使うため、ヘッダ・ファイル群をインクルードします。

```
#include "AudioFileSourceSD.h"
#include "AudioGeneratorMP3.h"
#include "AudioOutputI2S.h"
```

[1]「MP3」を読み込む

```
AudioFileSourceSD *file;
file = new AudioFileSourceSD("/music.mp3");
```

[2] 出力先を「AudioOutputI2S オブジェクト」として設定する

「M5Stack」では、「**I2S**」という仕組みでスピーカーを駆動しています。

内蔵スピーカーには、「0番ピン」が接続されています。

[3]「I2S」にデータを送り込む

「I2S」にデータを送り込む方法はいくつかありますが、ここでは「**内蔵DAC**」を使います。

そこで「0番ピン」を「**INTERNAL_DAC**」(内部DAC)を使って出力するように設定します。

[4] 出力を「モノラル」に設定する

上記[2]から[4]のプログラムは次のようになります。

```
AudioOutputI2S *out;
out = new AudioOutputI2S(0, AudioOutputI2S::INTERNAL_DAC);
out->SetOutputModeMono(true);
```

●「MP3」の再生

「MP3」を再生するには、「**AudioGenetatorMP3 オブジェクト**」を作ります。

```
AudioGeneratorMP3 *mp3;
mp3 = new AudioGeneratorMP3();
```

そして、「**begin関数**」を呼び出して再生します。

```
mp3->begin(file, out);
```

再生中かどうかを確認するには、「**isRunning関数**」を使います。

```
if (mp3->isRunning()) {
  // 再生中
}
```

再生を止めるには、「**stop関数**」を呼び出します。

```
mp3->stop();
```

4-3 音声合成する

ライブラリを使えば、スピーカーから喋らせることもできます。

■ AquesTalk piko for ESP32

アクエスト(株)が販売している、ESP32向けの音声合成エンジン「AquesTalk pico for ESP32」を使えば、喋らせることができます。

● ライセンスと価格

「AquesTalk pico for ESP32」は、有償のソフトです。

ライセンスは、同社の「オンライン・ストア」で購入できます。

(本書の執筆時点では、1,994円です)。

【オンライン・ストア】
https://store.a-quest.com/categories/618932

*

ライセンスを購入しなくても、評価版を使って試すことができます。

まずは、評価版を使って動作テストし、それからライセンス購入するといいでしょう。

なお、評価版には、「ナ行」「マ行」の音韻が、すべて「ヌ」になるという制限があります。

● ライブラリをインストールする

「AquesTalk pico for ESP32」を使えるようにするには、次のようにします。

「バイナリのライブラリ」であるため、少し複雑なので注意してください。

手順 「AquesTalk pico for ESP32」をインストールする

[1]「AquesTalk pico for ESP32」をダウンロードする

「評価版ダウンロードページ」から、「AquesTalk pico for ESP32」をダウンロードします。

「ZIPファイル」としてダウンロードできます。

【ダウンロード・ページ】
https://www.a-quest.com/download.html

[2]「Arduino IDE」にインストールする

「Arduino IDE」を起動し、[スケッチ]メニューから[ライブラリをインクルード]→[.ZIP形式のライブラリをインストール]を選択し、**手順[1]**でダウンロードしたZIPファイルを選択してください。

この方法は、「MP3ライブラリ」をインストールするときと同じです。

詳しい手順は、**図4-8** (p.87) を参照してください。

[3]ライブラリをコピーする

コンパイルしてビルドする際に、「AquesTalk pico for ESP32」のライブラリである「**libaquestalk.a**」というファイルを含めるようにします。

そのためには、**手順[1]**でダウンロードしたZIPファイルに含まれている「libaquestalk.a」を、「ESP32のライブラリ・ディレクトリ」にコピーします。

筆者の環境では、「ドキュメント・フォルダ」以下の「¥Arduino¥hardware¥espressif¥esp32¥tools¥sdk¥lib」にコピーしました(**図4-9**)。

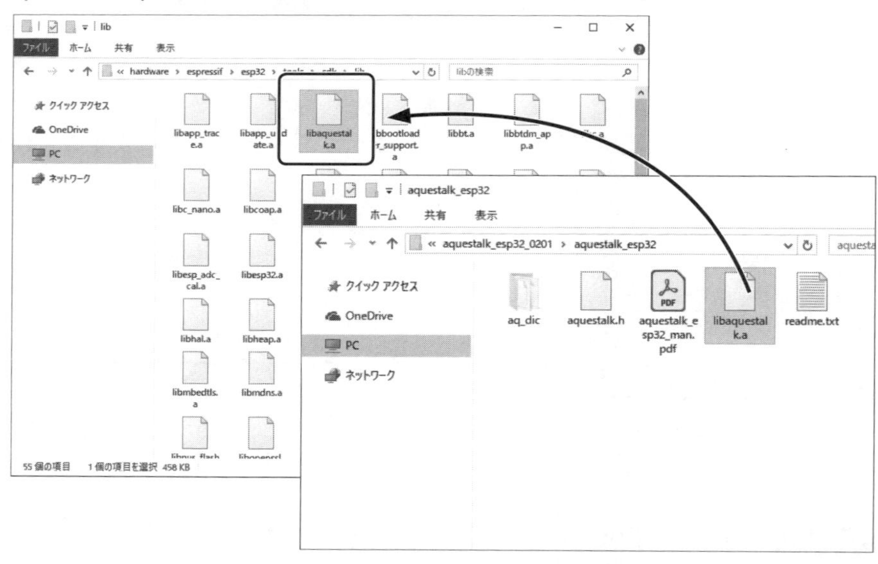

図4-9 「libaquestalk.a」をコピーする

[4]ビルドの設定をする

手順[3]でコピーしたファイルをコンパイル時に含めるようにするには、さらに設定が必要です。

そのための設定は、「platform.local.txtファイル」です。

このファイルは、もともとある「platform.txtファイル」の内容を、一部コピーして作ります。

筆者の環境では、「ドキュメント・フォルダ」下の「Arduino¥hardware¥espressif¥esp32フォルダ」に、「platform.txtファイル」がありました。

[4-1] 「platform.txtファイル」を開き、ファイルに記載されている「compiler.c.elf.libs」の設定を確認

```
compiler.c.elf.libs=-lgcc -lopenssl -lbtdm_app -lfatfs -lwps -lcoexist
-lwear_levelling -lhal -lnewlib -ldriver -lbootloader_support -lpp -lmesh
-lsmartconfig -ljsmn -lwpa -lethernet -lphy -lapp_trace -lconsole -lulp
-lwpa_supplicant -lfreertos -lbt -lmicro-ecc -lcxx -lxtensa-debug-module
-lmdns -lvfs -lsoc -lcore -lsdmmc -lcoap -ltcpip_adapter -lc_nano -lrtc
-lspi_flash -lwpa2 -lesp32 -lapp_update -lnghttp -lspiffs -lespnow -lnvs_
flash -lesp_adc_cal -llog -lexpat -lm -lc -lheap -lmbedtls -llwip
-lnet80211 -lpthread -ljson  -lstdc++
```

(4-2) 同フォルダに、「platform.local.txtファイル」を作り、上記のテキストの後ろに「-laquestalk」を加えたものを記述して、保存(図4-10)。

```
compiler.c.elf.libs=-lgcc -lopenssl -lbtdm_app -lfatfs -lwps -lcoexist
-lwear_levelling -lhal -lnewlib -ldriver -lbootloader_support -lpp -lmesh
-lsmartconfig -ljsmn -lwpa -lethernet -lphy -lapp_trace -lconsole -lulp
-lwpa_supplicant -lfreertos -lbt -lmicro-ecc -lcxx -lxtensa-debug-module
-lmdns -lvfs -lsoc -lcore -lsdmmc -lcoap -ltcpip_adapter -lc_nano -lrtc
-lspi_flash -lwpa2 -lesp32 -lapp_update -lnghttp -lspiffs -lespnow -lnvs_
flash -lesp_adc_cal -llog -lexpat -lm -lc -lheap -lmbedtls -llwip
-lnet80211 -lpthread -ljson  -lstdc++ -laquestalk
```

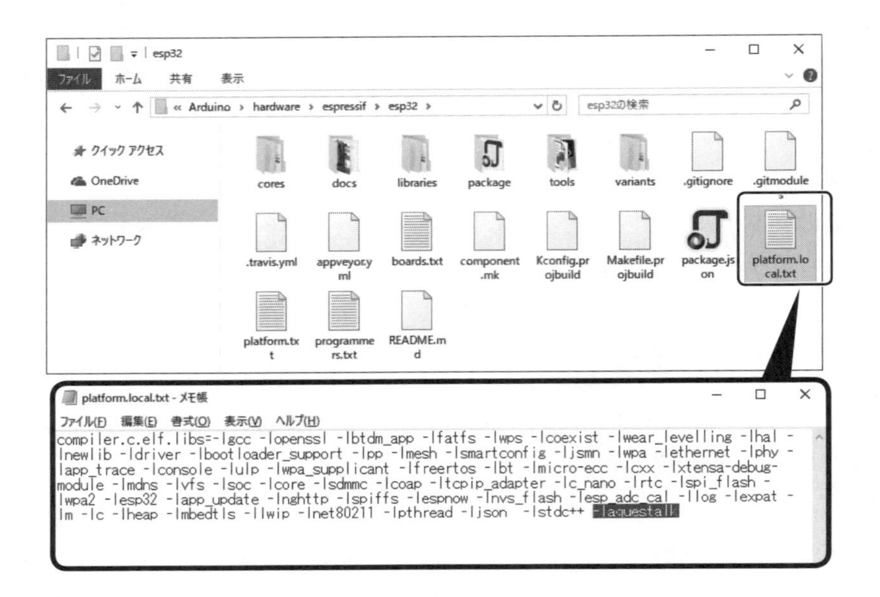

図4-10 「platform.local.txtファイル」を作る

■「AquesTalkTTS」を使う

実は、「AquesTalk pico for ESP32」を使ったプログラミングは、生成した音声データを実際に音として出力するために、定期的にそのデータを「I2Sインターフェイス」に出力する処理が必要です。

そのため、複雑なプログラムになります。

そこで、もっと手軽に音声合成できるライブラリを使うことにします。

*

ここでは、「N.Yamazaki's blog」で紹介されている「AquesTalkTTS」を使います。

「AquesTalkTTS」は、「M5Stackのマルチタスク機能」で音声を再生する「C++クラス」です。

このクラスを使うと、とても簡単に音声合成できます。

【AquesTalkTTS】 http://blog-yama.a-quest.com/?eid=970195

■「AquesTalkTTS」を使って音声合成する

「AquesTalkTTS」のページから、サンプルを入手しましょう。

サンプルを展開すると、「AquesTalkTTS.cpp」と「AquesTalkTTS.h」という2つのライブラリと、サンプルの「SampleTTS.ino」の計3つのファイルが得られます。

このうち、「.cpp」と「.h」を、自分のプロジェクトのフォルダにコピーしましょう。

● プログラムの修正

「AquesTalkTSS.cpp」には、「i2s_write」という関数を呼び出している処理があるのですが、M5Stackではこの関数がないため、コンパイルに失敗してしまいます。

そこで、コピーした「AquesTalkTSS.cpp」を、次のように修正します。

【変更前】

```
static int DAC_write_val(uint16_t val)
{
  uint16_t sample[2];
  sample[0]=sample[1]=val; // mono -> stereo
  size_t bytes_written;
  esp_err_t iret = i2s_write((i2s_port_t)i2s_num, sample,
 sizeof(uint16_t)*2, &bytes_written, TICKS_TO_WAIT);
  if(iret!=ESP_OK) return -1;
  if(bytes_written<sizeof(uint16_t)*2) return 0; // timeout
  return 1;
}
```

↓

【変更後】

```
static int DAC_write_val(uint16_t val)
{
  uint16_t sample[2];
  sample[0]=sample[1]=val;
  return i2s_push_sample((i2s_port_t)i2s_num, (const char
 *)sample, TICKS_TO_WAIT);
}
```

■音声合成するサンプル

これで準備は整いました。

リスト4-4に、「音声合成するサンプル」を示します。

このプログラムは、M5Stackの各ボタンを押すと、以下のような動作をします。

- Aボタン(左のボタン):「こんにちは」
- Bボタン(真ん中のボタン):「こんばんは」
- Cボタン(右のボタン):音声の再生を止める

リスト4-4 音声合成のサンプル

```
#include <M5Stack.h>
#include <aquestalk.h>
#include "AquesTalkTTS.h"

// ライセンスキー「XXX-XXX-XXX」
// 評価版のときはNULL
const char* licencekey = NULL;

void setup() {
  M5.begin();
  TTS.create(licencekey);
  M5.Lcd.print("press btn");
}

void loop() {
  if (M5.BtnA.wasPressed()) {
    TTS.play("konnichiwa", 100);
  }
  if (M5.BtnB.wasPressed()) {
    TTS.play("konbannwa", 100);
  }
  if (M5.BtnC.wasPressed()) {
    TTS.stop();
  }
  M5.update();
}
```

*

準備は複雑でしたが、プログラムを見ると分かるように、「音声合成」そのものはとても簡単です。

---

[1]「TTS」を作る

「create関数」を使って「TTSオブジェクト」を作ります。

引数には、「ライセンス・キー」を指定します。

「評価版」のときは「NULL」を指定します。

```
const char* licencekey = NULL;
TTS.create(licencekey);
```

[2]発声する

「play関数」を呼び出すことで、発声できます。

第1引数は、「発音させたいローマ字表記」、第2引数は「速度」です。

> **Memo**
>
> 第1引数には「ローマ字」ではなく、特殊な「発音記号」を指定することもできます。
> その詳細は、「AquesTalk pico for ESP32」のドキュメントを参照してください。
>
> また、辞書を使った「仮名交じり文」も喋らせることができます。
> そのときには、「createK関数」や「playK関数」を使います。
>
> ※詳細については、「AquesTalk pico for ESP32」のドキュメントや「N.Yamazaki's blog」を参照してください。

```
TTS.play("konnichiwa", 100);
```

止めたいときは、「stop関数」を呼び出します。

```
TTS.stop();
```

4-4 「キッチン・タイマー」を作ってみよう

最後に、少し実用的なサンプルとして、「キッチン・タイマー」を作ってみましょう。

■「キッチン・タイマー」の挙動

ここで作る「キッチン・タイマー」は、画面の中央に「00:00」の形式の**「分」**と**「秒」**が表示されており、3つのボタンで、「タイマーのセット・リセット」「開始・停止」をし、タイマーが「00:00」になったときには音を鳴らす、という簡単なサンプルです(**図4-11**)。

フォントは、「7セグフォント」を使ってみました。

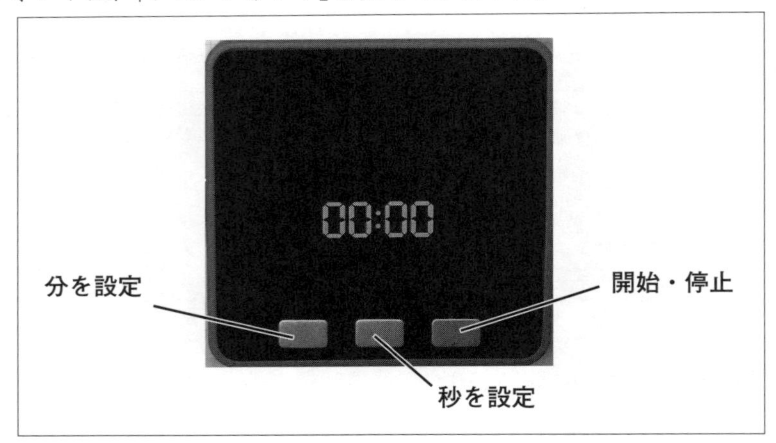

図4-11 この節で作る「キッチン・タイマー」

*

動作は、次のように規定します。

①「分」と「秒」のセット
「ボタンA」を押すと「分」が1増えます(60秒加算します)。
「ボタンB」を押すと「秒」が10増えます。
「ボタンA」と「ボタンB」を同時に押したときは、「00:00」にリセットします。

②開始・停止

「ボタンC」を押すと、タイマーの「開始・停止」を切り替えます。

押したときにタイマーのカウントが「00:00」であるときは、「カウントアップ」(「00:00」「00:01」…)とします。

そうでないときは、「カウントダウン」とします。

■「キッチン・タイマー」のプログラム

こうした「キッチン・タイマー」を実現するプログラムは、**リスト4-5**の通りです。

リスト4-5　「キッチン・タイマー」のプログラム例

```
#define LOAD_FONT7
#include <M5Stack.h>
#include <utility/M5Timer.h>

// タイマー変数
M5Timer timer;

// タイマーカウンタ
volatile int cnt = 0;
// タイマーの方向
int cntdiff = -1;

// 稼働中のタイマー番号
int timerNum = -1;

// タイマー時刻を表示
void printtimer() {
    int min, sec;

    // 分と秒に
    min = cnt / 60;
    sec = cnt % 60;

    // 文字列に変換して表示
    char buf[64];
    sprintf(buf, "%02d:%02d", min, sec);
    M5.Lcd.drawCentreString(buf, 160, 120, 7);
```

```
}

// タイマーコールバック
void callback() {
  cnt += cntdiff;
  printtimer();
}

void setup() {
  // M5Stackの初期化
  M5.begin();
  M5.Speaker.begin();
  // カウンタを0にして画面表示
  cnt = 0;
  printtimer();
  // BEEPの音程を設定
  M5.Speaker.setBeep(1760.0, 100);
  // 1秒ごとのタイマー設定
  timerNum = timer.setInterval(1000, callback);
  // 一時停止
  timer.disable(timerNum);
}

void loop() {
  if (M5.BtnA.read() && M5.BtnB.read()) {
    // AB同時押しのときはリセット
    timer.disable(timerNum);
    cnt = 0;
    cntdiff = 1;
    printtimer();
  } else {
    if (M5.BtnA.wasPressed()) {
      // Aが押されている
      cnt += 60;
      cntdiff = -1;
      printtimer();
    }
    if (M5.BtnB.wasPressed()) {
      // Bが押されている
      cnt += 10;
      cntdiff = -1;
      printtimer();
    }
    if (M5.BtnC.wasPressed()) {
```

```
        timer.toggle(timerNum);
      }
    }

    if (timer.isEnabled(timerNum) && (cntdiff == -1) && (cnt == 0)) {
      // タイマーが0になった
      timer.disable(timerNum);
      for (int i = 0; i < 3; i++) {
        M5.Speaker.beep();
        delay(100);
        M5.Speaker.mute();
        delay(100);
        M5.Speaker.beep();
        delay(100);
        M5.Speaker.mute();
        delay(1000);
      }
      cntdiff = 1;
    }

    M5.update();
    timer.run();
}
```

■「キッチン・タイマー」の動作

「キッチン・タイマーのプログラム」は、次のように構成しました。

●「タイマー」と「割り込み」

「キッチン・タイマー」で肝になるのが、一定時間ごとにコードを実行する、**「タイマー処理」**です。

いくつかのやり方がありますが、代表的な方法は、このプログラム例に示したように、「M5Timer.h」で定義されている**「タイマー割り込み機能」**を使う方法です。

```
#include <utility/M5Timer.h>
```

＊

「M5Timer」には、「一定時間後に実行する」「一定時間ごとに実行する」などの機能が含まれています(**表4-3**)。

「M5Timer」を使うには、何かオブジェクト変数を作り、その変数を通じて操作します。

```
M5Timer timer;
```

表4-3 M5Timer機能

関　数	機　能
run()	タイマーを動かす。 「loop関数内」で、必ず呼び出さなければならない。
int setInterval(**long** d, timer_callback f)	「dミリ秒ごと」に、「関数f」を実行
int setTimeout(**long** d, timer_callback f)	「dミリ秒」が経過したら、「関数f」を1回だけ実行
int setTimer(**long** d, timer_callback f, **int** n)	「dミリ秒ごと」に、「関数f」を実行するが、n回実行したら止める
void deleteTimer(**int** numTimer)	指定したタイマーを「削除」する
void restartTimer(**int** numTimer)	指定したタイマーを「リセット」する
boolean isEnabled(**int** numTimer)	指定したタイマーが有効かどうかを調べる
void enable(**int** numTimer)	指定したタイマーを「有効」にする
void disable(**int** numTimer)	指定したタイマーを「無効」にする
void toggle(**int** numTimer)	指定したタイマーの「有効・無効」を切り替える
int getNumTimers();	タイマーの「使用数」を返す
int getNumAvailableTimers()	利用できるタイマーの「残数」を返す

①タイマーの設定

タイマーは最大で10個あり、「setInterval」「setTimeout」「setTimer」のいずれかの関数を使うと設定できます。

これらの関数は、戻り値として、設定された「タイマー番号」を返します。

「タイマー番号」は、のちの処理で、タイマーを「停止・再開」したり、「破棄」したりするときに必要になります。

＊

このサンプルでは、次のようにして、1000ミリ秒(＝1秒)ごとに、「callback関数」を実行するように設定しました。

```
// 稼働中のタイマー番号
int timerNum = -1;

// 1秒ごとのタイマー設定
timerNum = timer.setInterval(1000, callback);
```

「callback関数」では、次のように、「カウントアップ」したり「カウントダウン」したりして、画面表示を更新する処理をしています。

Memo

「カウンタを保持するcnt変数」に「volatile」を付けているのは、この変数を並列的に読み書きする可能性があるからです。

実際、「cnt変数」は、このcallback関数で1秒ごとに変更するほか、loop関数の内部で参照して、「タイマーが0になったかどうか」を判定するのに使っています。

「volatile」の指定を忘れると、コンパイラの最適化によって、「(本当は定期的にcallback関数によってcnt変数が変わるのだけれども)この処理内では、cnt変数が変化することがない」と判断されてしまいます。

そのためコードの一部が、「いつもtrueになることがないから割愛して効率化しよう」と判断されて、正しく動かないことがあります。

```
// タイマーカウンタ
volatile int cnt = 0;
// タイマーの方向
int cntdiff = -1;

// タイマーコールバック
void callback() {
  cnt += cntdiff;
  printtimer();
}
```

②タイマーの「開始・停止」

「setInterval関数」を実行すると、戻り値として「タイマー番号」が得られます。

この「タイマー番号」を使って、タイマーを「開始・停止」します。

この段階では、まだユーザーは、どのボタンも押していないので、タイマーは止めておきます。

```
// 一時停止
timer.disable(timerNum);
```

そしてloop関数内では、「Cボタンが押されたかどうか」を判定して、「開始・停止」を切り替えます。

切り替えには、**「toggle関数」**を使います。

```
if (M5.BtnC.wasPressed()) {
  timer.toggle(timerNum);
}
```

③loop内では、「run関数」を呼び出す

タイマーを使うときは、とても重要な注意事項があります。

それは、**「loop関数内で、run関数を呼び出すこと」**です。

この処理がないと、タイマーの時間になっても、指定した関数が呼び出されないので、注意してください。

```
void loop() {
・・・略・・・
  M5.update();
  timer.run();
}
```

● 「同時押し」の判定

「ボタンA」や「ボタンB」が押されたときに、「分」や「秒」を加算する処理も、loop関数内に記述しました。

この処理では、「ボタンAとボタンBの同時押し」のときは、「0にリセット」するため、次のように処理しました。

```
if (M5.BtnA.read() && M5.BtnB.read()) {
  // AB同時押しのときはリセット
  timer.disable(timerNum);
  cnt = 0;
  cntdiff = 1;
  printtimer();
} else {
  if (M5.BtnA.wasPressed()) {
    // Aが押されている
    cnt += 60;
    cntdiff = -1;
```

```
    printtimer();
  }
  if (M5.BtnB.wasPressed()) {
    // Bが押されている
    cnt += 10;
    cntdiff = -1;
    printtimer();
  }
  if (M5.BtnC.wasPressed()) {
    timer.toggle(timerNum);
  }
}
```

まず、同時押しかどうかを「read関数」で調べ、同時押しでないのなら、「wasPressed関数」を使って、それぞれのボタンが押されたかを判定している点に注目してください。

● カウントが「0」になったときにアラームを鳴らす

カウントが「0」になったときには、アラーム音を鳴らしますが、ここでは**「Beep関数」**を使って音を出しています。

＊

まずは、**「setBeep関数」**を使って、「音程」を設定します。

ここでは、中心の「ラ」の音(440Hz)の“2オクターブ上の「ラ」”の音にしました。

```
// BEEPの音程を設定
M5.Speaker.setBeep(1760.0, 100);
```

カウントが「0」になったときは、次のようにして音を鳴らしています。

```
if (timer.isEnabled(timerNum) && (cntdiff == -1) && (cnt == 0)) {
    // タイマーが0になった
    timer.disable(timerNum);
    for (int i = 0; i < 3; i++) {
      M5.Speaker.beep();
      delay(100);
      M5.Speaker.mute();
      delay(100);
      M5.Speaker.beep();
      delay(100);
      M5.Speaker.mute();
      delay(1000);
```

```
    }
    cntdiff = 1;
  }
```

「ピッ(100ミリ秒)」「待つ(100ミリ秒)」「ピッ(100ミリ秒)」「待つ(1000ミリ秒)」を3回繰り替えているので、**「ピピッ、ピピッ、ピピッ」**と3回鳴ります。このあたりは、好みで調整してください。

■応用して、いろんなタイマーを作ってみよう

ここではタイマーが「0」になったときに、「ピピッ、ピピッ、ピピッ」と3回鳴るだけの簡単なものとしました。

さらにプログラムを追加すれば、次のようなこともできます。

①音楽を鳴らしたり、喋らせたりする

「4-2　音楽を鳴らす」や**「4-3　音声合成する」**で説明したプログラムと同じ処理を組み込めば、タイマーが「0」になったときに、音楽を鳴らしたり、喋らせたりできます。

②鳴りっ放しにしたり、傾けると止まるようにする

このサンプルでは、「ピピッ、ピピッ、ピピッ」と3回鳴ると、それ以上は鳴りませんが、ユーザーがボタンを押すまで、ずっと鳴らしっ放しにすることもできます。

もし、「M5Stack GRAYモデル」を使っているのなら、音を止めるときに、ボタンを押すのではなくて、傾けたり裏返したりしたときに止まるようにするのも面白いでしょう。

「傾きでの制御」は、いろいろと応用が利くと思います。

たとえば、**「右に傾けたら3分タイマーが開始する」「左に傾けたら5分タイマーが設定する」**など、向きに応じて、あらかじめ指定した分数のタイマーが動くようにするなどすると、より使いやすくなることでしょう。

「デバイス」をつなげてみよう

M5Stackの側面には、「LED」や「スイッチ」「センサ」など、さまざまなデバイスを接続できます。

この章では、こうしたデバイスを接続して、制御する方法を説明します。

5-1 「M5Stack」の「ピン」

M5Stackの側面には「ジャンパ・ピン」を接続する穴があり、「LED」や「スイッチ」「センサ」などのデバイスを接続できます。

■ピンの配線

「M5Stack」には、(正確には、「M5Stack」で採用しているマイコンである「ESP32」には)、「GPIO0」から「GPIO40」までの40本の「汎用ピン」が出ています。

M5Stackの側面には、この「ピン番号」や、用途を示した「ピン名」のシールが貼られています(図5-1)。

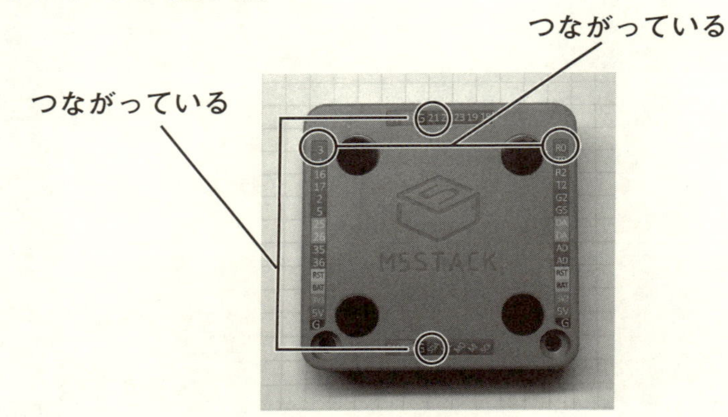

図5-1　側面のシール

＊

側面の配線は、向かい合うもの同士が同じ接続になっています。

たとえば、図5-1において、左の「3」と右の「R0」は接続されており、どちらに接続しても機能は同じです。

上下方向についても同じで、たとえば、上の「21」と下の「SDA」も接続されています。

左と上は「メス」(挿されるほう)のピン、右と下は「オス」(挿すほう)のピンになっています。

使いやすいほうを使えばいいでしょう。

※なお、「G」や「3.3V」「5V」は、複数の箇所にありますが、どこに接続しても同じです。

■ピンの用途

ピンは、「デジタル入出力」「アナログ入出力」「通信」など、役割が決まっていて、用途ごとにシールが色分けされています。

側面のピンの用途をまとめたものを**表5-1**に示します。

Memo

表にまとめたのは、標準状態のときのものです。
「ESP32」では、「GPIOのマッピング」を自由に割り当てることができるので、書き込んだソフトによって、ピンの割り当てが、これらの表と変わることもあります。

・【M5Stack回路図】
https://github.com/m5stack/M5-Schematic/blob/master/Core/Basic/M5-Core-Schematic(20171206).pdf
・【スイッチサイエンス　ESP-WROOM-32に関するTIPS】
https://trac.switch-science.com/wiki/esp32_tips

表5-1　「M5Stack」のピン配置

【左右の配置】

左端子名(GPIO番号)	右端子名	種　類	用　途
3	R0	UART	「UART0」の受信(USB)
1	T0	UART	「UART0」の送信(USB)
16	R2	UART	「UART1」の受信
17	T2	UART	「UART1」の送信
2	G2	GPIO	汎用デジタル入出力
5	G5	GPIO	汎用デジタル入出力
25	DA	DAC	DAコンバータ1。 ただし内部スピーカーが接続ずみ
26	DA	DAC	DAコンバータ2
35	AD	ADC	ADコンバータ1
36	AD	ADC	ADコンバータ2
RST	RST	リセット	リセット端子
BAT	BAT	バッテリ	バッテリ端子
3V3	3V3	電源	3.3V電源
5V	5V	電源	5V電源
G	G	GND	GND

【上下の配置】

上端子 (GPIO番号)	下端子 (信号名)	種　類	用　途
5V	5V	電源	5V電源
3V3	3V3	電源	3.3V電源
G	G	GND	GND
21	SDA	I2C	I2Cの「SDA信号」。「Grove端子のSDA」とも接続されている
22	SCL	I2C	I2Cの「SCL信号」。「Grove端子のSCL」とも接続されている
23	MO	SPI	SPIの「MO信号」
19	MI	SPI	SPIの「MI信号」
18	SCK	SPI	SPIの「CLK信号」

①UART(シリアル通信)(黄緑)

2つの「UART」があります。

ひとつは「USB」に接続されており、もうひとつを自由に利用できます。

②GPIO(青)

汎用の「デジタル入出力」で、2つあります。

足りないときは設定を変更して、他のピンを、「デジタル入出力」に割り当てることもできます。

③DAC(橙)

「アナログ出力」です。

2つありますが、1つは内蔵スピーカーに接続されているため、他の用途には使えません。

④ADC(緑)

「アナログ入力」です。2つあります。

⑤I2C(緑)

2本の線で、さまざまなデバイスを並列に接続できる「I2Cインターフェイス」です。

「M5Stack GRAYモデル」の場合、この配線上に、内部で「9軸センサ」が接続されています。

また、「Grove端子」にも接続されています。
(詳細は、「**5-4 Groveシステムのセンサをつないでみる**」で説明します)。

⑥SPI(青)

3本の線で、さまざまなデバイスを並列に接続できる「SPIインターフェイス」です。

すぐこのあとに説明するように、「内蔵液晶」や「microSDカード」も、この配線上に接続されています。

■内蔵デバイスの接続

前章で説明してきたように、「M5Stack」には、「液晶」「3つのスイッチ」「microSDカード」「9軸センサ」などが接続されています。

これらが接続されている場所は、次の通りです。

---

①液晶

「液晶」は、「**ILI9341**」という型番の互換モジュールが使われており、「SPI」として接続されています。

②microSDカード

「microSDカード」は、「SPI」として接続されています。

③ボタン

「ボタンA」「ボタンB」「ボタンC」は、それぞれ、「**GPIO39**」「**GPIO38**」「**GPIO37**」に接続されています。

④9軸センサ(「GRAYモデル」のみ)

「I2C」に接続されています。

5-2 "Lチカ"してみる

概要を説明したところで、実際に、デバイスを接続して制御してみましょう。

接続したLEDを光らせる、通称"Lチカ"から始めます。

■「LED」を接続する

まずは、M5Stackに「LED」を接続します。

M5Stackのピン入出力の電圧は、3.3Vです。

そこで、適当な抵抗を入れて接続します。

＊

仮に、LEDに2Vの電圧を5mA流す場合は、

(3.3 - 2.0) [V] ÷ 0.005 [A] = 260 [Ω]

なので、これに近い「抵抗器」を介して、M5Stackの「ピン」に接続します(図5-2、図5-3)。

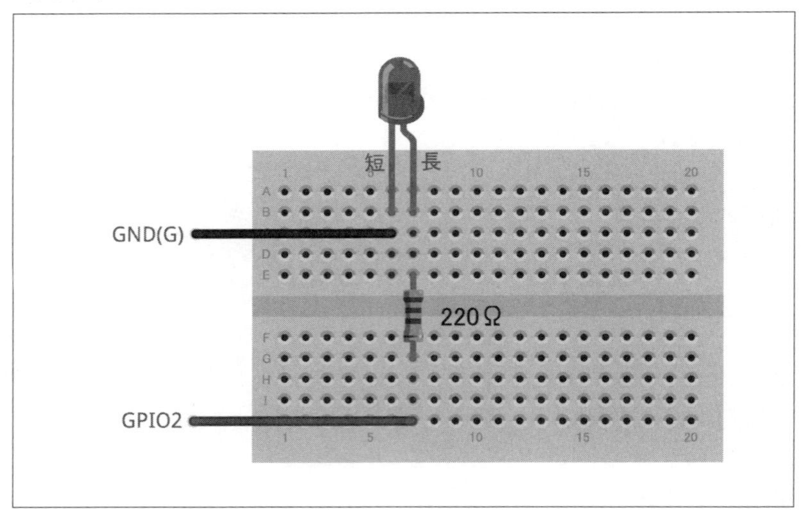

図5-2 「LED」の接続図

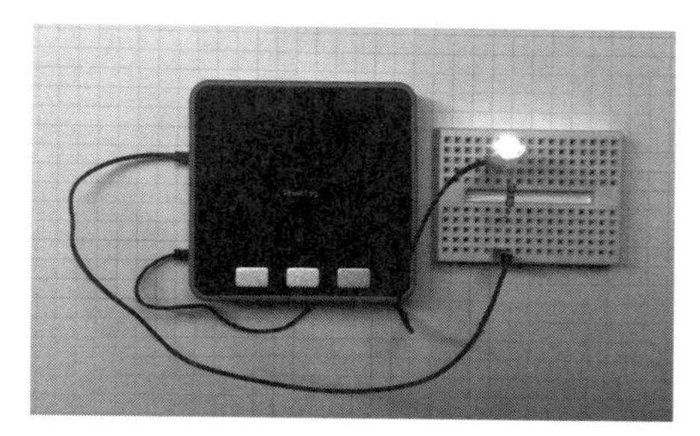

図5-3 実際に接続し、「リスト5-1」のプログラムを実行したところ

Memo

抵抗値は、近い値なら適当でかまいません。

図5-2では「220Ω」として記述していますが、**図5-3**では、手持ちの部品の関係で、「200Ω」を用いています。

ここでは、「デジタル入出力」ができる「2番ピン」に接続します。

抵抗には向きはありませんが、LEDは、**極性があり接続の向きがある**ので、注意してください。

長いほうが「**+**」(アノード)で、短いほうが「**−**」(カソード)です(**図5-4**)。

ここでは、長いほうが「**GPIO2側**」で、短いほうが「**GND側**」です。

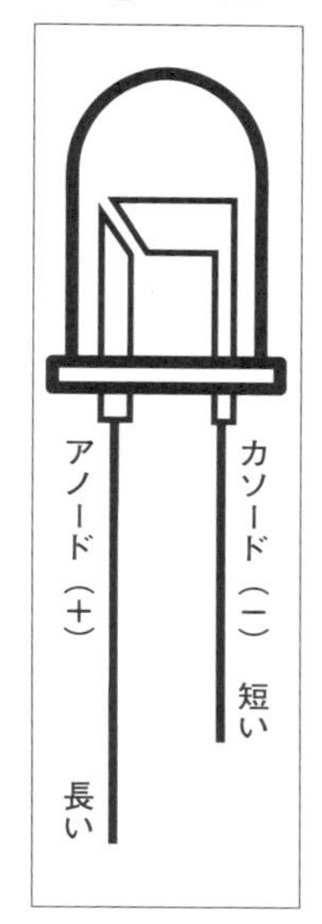

図5-4 LEDの極性

■LEDを制御するプログラム

たとえば、「LEDを制御するプログラム」は、**リスト5-1**のようにします。

「ボタンA」を押すと「LED」が光り、離すと消えるサンプルです。

リスト5-1　LEDを制御するプログラム

```
#include <M5Stack.h>

// LEDを接続したピン
// GPIO2
const int LEDPIN = 2;

// オン・オフのフラグ
bool state = LOW;

void setup() {
  // M5Stackの初期化
  M5.begin();

  // 出力に設定
  pinMode(LEDPIN, OUTPUT);

  M5.Lcd.drawCentreString("Press Key.", 160, 120, 2);
}

void loop() {
  // ボタンが押されているとき
  if(M5.BtnA.wasPressed()) {
    // オン(HIGH)・オフ(LOW)を切り替え
    state = !state;
    // 出力
    digitalWrite(LEDPIN, state);
  }
  M5.update();
}
```

①「入出力ピン」の設定

まず、「GPIOのピン」を、「入力」にするのか「出力」にするのかを**「pinMode関数」**で設定します。

第1引数には「ピン番号」、**第2引数**には「INPUT(入力)」「INPUT_PULLUP(入力。プルアップあり)」「OUTPUT(出力)」のいずれかを指定します。

ここでは、LEDを接続した**「GPIO2」**を**「出力」**に設定しました(「入力」については次節で説明します)。

> **Memo**
>
> pinMode関数で入出力を設定したり、すぐあとに説明するdigitalWrite関数で出力を設定する処理は、M5Stack固有のものではなく、Arduinoマイコンにおける、汎用的な操作です。

> **Memo**
>
> 「プルアップ」(pull up)とは、「抵抗を介して、内部的にプラス電源へ接続する方法」です。
>
> 端子を未接続にしておくと入力が安定しないので、未入力のとき(たとえば、接続したスイッチが「オフ」の状態のとき)は、「プラス側」に引っ張って(pullして)、安定させます。

```
const int LEDPIN = 2;
pinMode(LEDPIN, OUTPUT);
```

②「出力」の設定

「出力」を設定するには、**「digitalWrite関数」**を使います。

第1引数は「ピン番号」、**第2引数**は、「LOW(オフ)」か「HIGH(オン)」です。

リスト5-1では、「ボタンA」が押されたときに、次のようにして「LOW」と「HIGH」を反転させてから、「digitalWrite関数」で、「LEDを接続したピン」に出力設定しています。

> **Memo**
>
> LOWは「false(偽)」、HIGHは「true(真)」と同じ意味です。

```
if(M5.BtnA.wasPressed()) {
  // オン(HIGH)・オフ(LOW)を切り替え
  state = !state;
  // 出力
  digitalWrite(LEDPIN, state);
}
```

5-3 「デジタル入力」と「アナログ入力」を試す

いまはLEDという「出力」を試しましたが、こんどはスイッチやボリュームなどの「入力」を試してみましょう。

■「デジタル入力」と「アナログ入力」

「入力」には、「オン・オフ」を受け取る**「デジタル入力」**と、「値の範囲」を受け取る**「アナログ入力」**があります。

「デジタル入力」には、「GPIO2」または「GPIO5」があり、「アナログ入力」には、「GPIO35」または「GPIO36」があります。

ここでは、「押しボタンスイッチ」を「GPIO5」に、「ボリューム」を「GPIO35」に接続してみます(図5-5)。

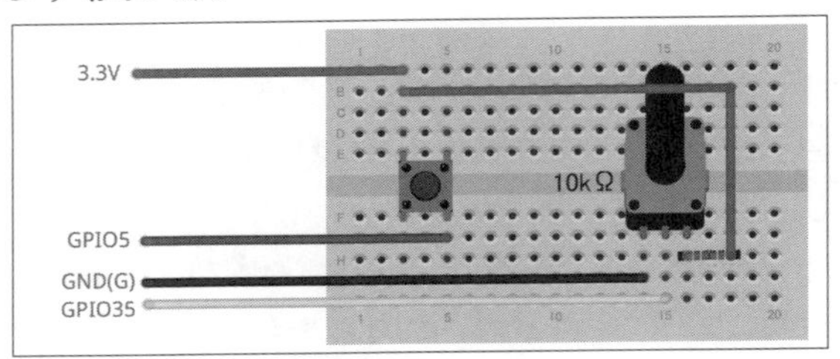

図5-5 「押しボタンスイッチ」と「ボリューム」の接続図

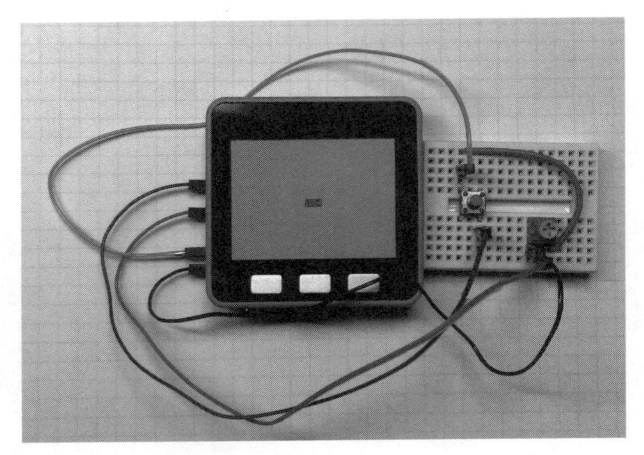

図5-6 実際に接続し、「リスト5-2」のプログラムを実行したところ

■「スイッチの状態」や「ボリュームの値」を読み取るプログラム

「スイッチの状態」や「ボリュームの値」を読み取るプログラムは、**リスト5-2**の通りです。

このサンプルは、スイッチが「押されたとき」は背景を「緑色」に、「押されていないとき」は「赤色」にする、というものです。

そして、「ボリュームの値」は、画面中央に表示するようにしました。

実行してボリュームを変えると、画面の値が「0」から「4095」まで変化します。

リスト5-2　「スイッチの状態」や「ボリュームの値」を読み取るプログラム

```
#include <M5Stack.h>

// スイッチを接続したピン(GPIO5)
const int SWPIN = 5;

// ボリュームを接続したピン(GPIO35)
const int VOLPIN = 35;

void setup() {
  M5.begin();

  // スピーカーをオフにする
  dacWrite(25, 0);

  // 入力に設定
  pinMode(SWPIN, INPUT);
  pinMode(VOLPIN, INPUT);
}

void loop() {
  // ①スイッチの状態を取得
  int sw = digitalRead(SWPIN);
  if (sw) {
     M5.Lcd.fillScreen(TFT_RED);
  } else {
     M5.Lcd.fillScreen(TFT_GREEN);
  }
```

```
  // ②ボリュームの状態を取得
  int value = analogRead(VOLPIN);
  char msg[20];
  sprintf(msg, "%d", value);
  M5.Lcd.drawCentreString(msg, 160, 120, 2);

  m5.update();
}
```

①スピーカーを止めて、「ノイズ」が出ないようにする

これは先人の知恵なのですが、「ADコンバータ」を使うときは、スピーカーを「オフ」にします。

そうしないと、スピーカーから小さな「ノイズ」が発生するためです。

スピーカーは、「**GPIO25**」に接続されています。

次のようにすると、スピーカーを「オフ」にできます。

```
dacWrite(25, 0);
```

②「入出力ピン」の設定

次に、「入出力ピン」を設定します。

これには、すでに説明した「pinMode関数」を使います。

ここでは「入力」なので、「INPUT」を指定しています。

```
const int SWPIN = 5;
const int VOLPIN = 35;

pinMode(SWPIN, INPUT);
pinMode(VOLPIN, INPUT);
```

③「デジタル入力」の読み込み

「デジタル入力」を読み込むには、「**digitalRead関数**」を使います。

「オン」になっているときは「true」(真)を返し、「オフ」になっているときは「false」(偽)を返します。

そこで、次のようにして「背景色」を変更しています。

```
int sw = digitalRead(SWPIN);
if (sw) {
```

```
    M5.Lcd.fillScreen(TFT_RED);
} else {
    M5.Lcd.fillScreen(TFT_GREEN);
}
```

④「アナログ入力」の読み込み

「アナログ入力」を読み取るには、「**analogRead関数**」を使います。

次のようにして、読み込んだ値を、そのまま画面に表示しています。

```
int value = analogRead(VOLPIN);
char msg[20];
sprintf(msg, "%d", value);
M5.Lcd.drawCentreString(msg, 160, 120, 2);
```

Column 「アナログのセンサ」を使う

ここでは、「アナログ入力」として「ボリューム」を接続しているだけですが、「アナログ出力」を返す、さまざまな「センサ」を接続すると面白いでしょう。

単純な機構のものとしては、折り曲げると抵抗値が変わる「曲げセンサ」や、温度によって抵抗値が変わる「温度センサ」(たとえば「LM61」など)、明るさによって抵抗値が変わる「照度センサ」(「CdSセル」と呼ばれる素子)などがあります。

5-4 「Groveシステム」の「センサ」をつないでみる

「M5Stack」には、Groveシステムの接続端子があり、そこに「I2C対応のGroveモジュール」を接続できます。

■「Groveシステム」とは

「Groveシステム」とは、Seeed Studio社が提唱している**「挿すだけで使えるモジュール」**を実現する仕組みです。

「モジュール」と「マイコン」は、「4ピンのコネクタ」で接続します。
「4ピンのコネクタ」は、「電源」や「信号線」で構成されており、「1本のケーブル」だけで配線できます。

＊

「Groveシステム」は、「Arduino」や「Raspberry Pi」などで利用でき、それに対応する多数の「Groveモジュール」が販売されています。
「Groveモジュール」は、スイッチサイエンス社などの通販サイトのほか、秋葉原や日本橋などのパーツショップで購入できます。

【Grove System】
http://wiki.seeedstudio.com/Grove_System/

●「Groveモジュール」の種類

一口に「Groveモジュール」と言っても、**「アナログ」「デジタル」「UART」「I2C」**の4種類があります。
どの種類のモジュールなのかは、デバイスの仕様書やパッケージなどに記載されています。

M5Stackで利用できるのは、**「I2CのGroveモジュール」**に限られます。
それ以外のモジュールは利用できないので、注意してください(**図5-7**)。

※　厳密に言うと、「ポート・マッピング」を変更すれば、「I2C以外のモジュール」も使えます。
しかし、そうすると「I2C」が使えなくなり、M5Stackの「GRAYモデル」では、内蔵の「9軸センサ」が使えなくなるなどの弊害も生じます。
できれば、そうした無理な使い方はしないほうがいいでしょう。

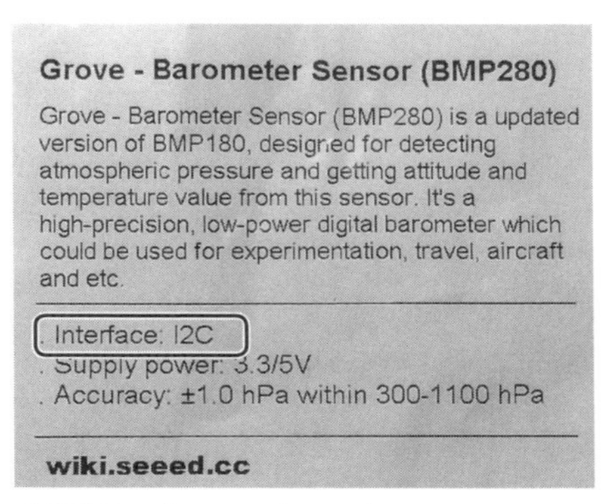

図5-7 「モジュールの種類」は、パッケージやモジュール紹介サイトなどに記載されている

■ Groveの「温度・気圧センサ」を使ってみる

実際に「Groveモジュール」を使ってみましょう。

ここでは、「**BMP280**」というセンサを搭載した、「温度・気圧センサ」を使ってみます(**図5-8**)。

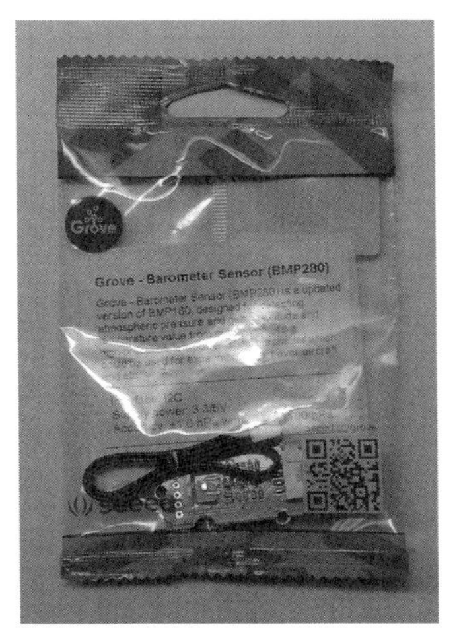

図5-8 「BMP280」を利用した「温度・気圧センサ」

●「M5Stack」との接続

「M5Stack」と「BMP280モジュール」は、「4ピンのコネクタ」を使って接続します。

接続に使うケーブルは、「BMP280モジュール」に同梱されています(図5-9)。

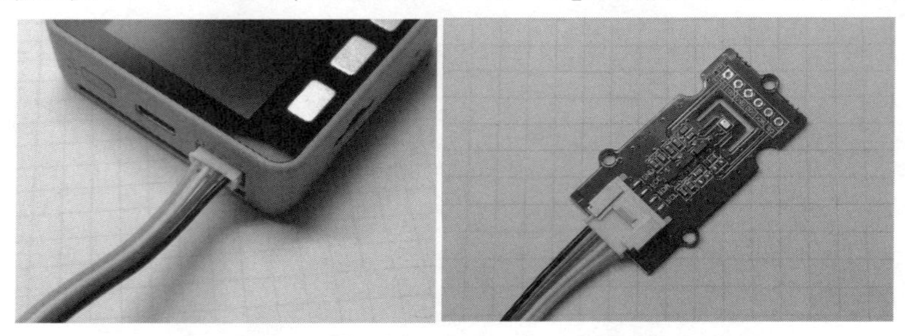

図5-9 「M5Stack側の接続」(左)と、「BMP280側の接続」(右)

■「温度・気圧」を測るプログラム

では、この「BMP280モジュール」を使って、「温度・気圧」を測るプログラムを作っていきましょう。

● ライブラリのインストール

「BMP280モジュール」は、「I2Cインターフェイス」で接続されます。

I2C接続の場合、「レジスタ」と呼ばれる値を読み書きしてセンサを制御するのですが、それは複雑なので、「ライブラリ」を使います。

＊

Seeed Studio社は、このモジュール用のライブラリを、下記サイトで配布しています。

【Grove_BMP280】
https://github.com/Seeed-Studio/Grove_BMP280

このGitHubのページにアクセスして、[Clone or download]リンクから、ファイル一式をダウンロードしてください(図5-10)。

そして、**第3章**で説明したのと同じ方法で、「Arduino IDE」の[**スケッチ**]メニューから、[**ライブラリをインクルード**]→[**.ZIP形式のライブラリをインストール**]を選択して、ダウンロードしたライブラリをインストールします。

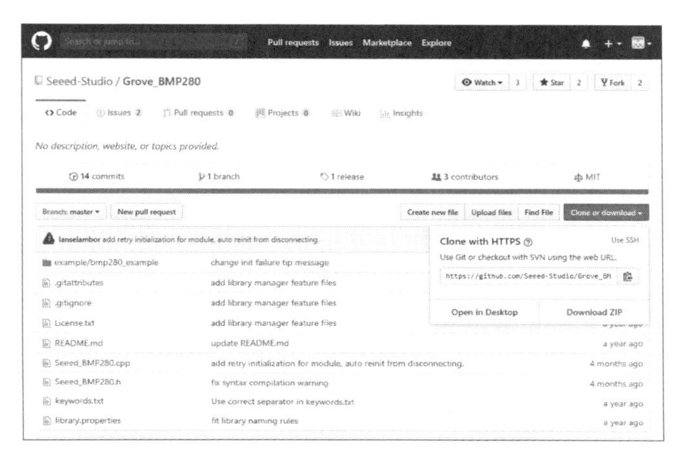

図5-10　「Grove_BMP280」のダウンロード

● プログラムの例

このライブラリを用いて、「温度」と「気圧」を測るプログラムを**リスト5-3**に示します。

実際に接続してプログラムを実行すると、**図5-11**に示すように、画面上に「温度」と「気圧」が表示されます。

「温度センサの部分」を指で触ると、体温によって温度が上昇するので、その温度変化を確認できます。

リスト5-3　「BMP280モジュール」で「温度」と「気圧」を測るプログラム

```
#include <M5Stack.h>
#include "Seeed_BMP280.h"

// BMP280オブジェクト
BMP280 bmp280;

void setup() {
  // M5Stackの初期化
  M5.begin();

  // I2Cの初期化
  Wire.begin();
```

```
  // BMP280の初期化
  if (!bmp280.init()) {
    M5.Lcd.print("init error");
  }
}

void loop() {
  float t, p;

  // 温度
  t = bmp280.getTemperature();

  // 気圧
  p = bmp280.getPressure();

  char msg[20];
  sprintf(msg, "%2.2f C %f Pa", t, p);

  M5.Lcd.drawCentreString(msg, 160, 120, 2);

  // 繰り返し何度も取得しても意味がないので10秒待つ
  delay(10000);

  m5.update();
}
```

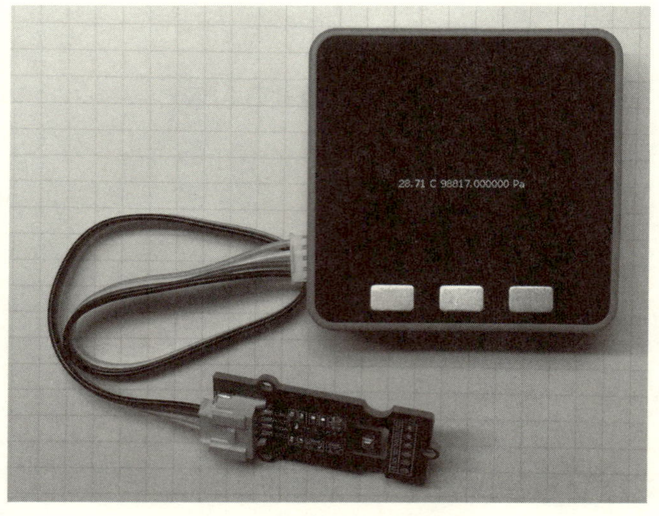

図5-11　「リスト5-3」の実行結果

①「BMP280オブジェクト」の生成

「BMP280」は、「BMP280オブジェクト」から操作します。

「Seeed_BMP280.h」をインクルードし、このオブジェクト変数を用意します。

```
#include "Seeed_BMP280.h"

BMP280 bmp280;
```

②「I2C」の初期化

Groveモジュールは I2C に接続されているので、「Wire.begin 関数」を使って、初期化します。

```
Wire.begin();
```

③「BMP280」の初期化

さらに、「BMP280」も初期化します。

ここでは、初期化に失敗したとき(「BMP280モジュール」が接続されていないときなど)には、液晶に「エラー・メッセージ」を表示するようにしました。

```
if (!bmp280.init()) {
  M5.Lcd.print("init error");
}
```

④「温度」と「気圧」の取得

「温度」を取得するには「getTemperature関数」を、「気圧」を取得するには「getPressure関数」を、それぞれ使います。

```
float t, p;
// 温度
t = bmp280.getTemperature();
// 気圧
p = bmp280.getPressure();
```

取得したら、画面に表示します。

```
char msg[20];
sprintf(msg, "%2.2f C %f Pa", t, p);

M5.Lcd.drawCentreString(msg, 160, 120, 2);
```

ネットにつなげてみよう

「M5Stack」には、「無線LAN機能」が搭載されています。
「無線LAN」を使えば、インターネットから取得したデータを表示したり、接続したセンサなどの値を、インターネットから参照したりできます。

6-1 「無線LAN」の基本

M5Stackで採用されている「ESP32マイコン」は、「802.11b/g/n」の「2.4GHz帯」に対応した「無線LAN機能」を搭載しています。

■無線LAN機能の使い方

主に、2つの使い方があります(図6-1)。

①「子機」として、他の「無線LANアクセスポイント」に接続する

家庭内などにすでに設置した「無線LANアクセスポイント」(無線LANルータ)に接続し、そこを経由して通信する方法です。

「M5Stack」は、インターネットとの通信もできます。

②「親機」として、「スマホ」などから待ち受ける

自身が「親機」(無線LANアクセスポイント)となり、「スマホ」や「無線LANに対応したパソコン」などから接続できるようにする方法です。

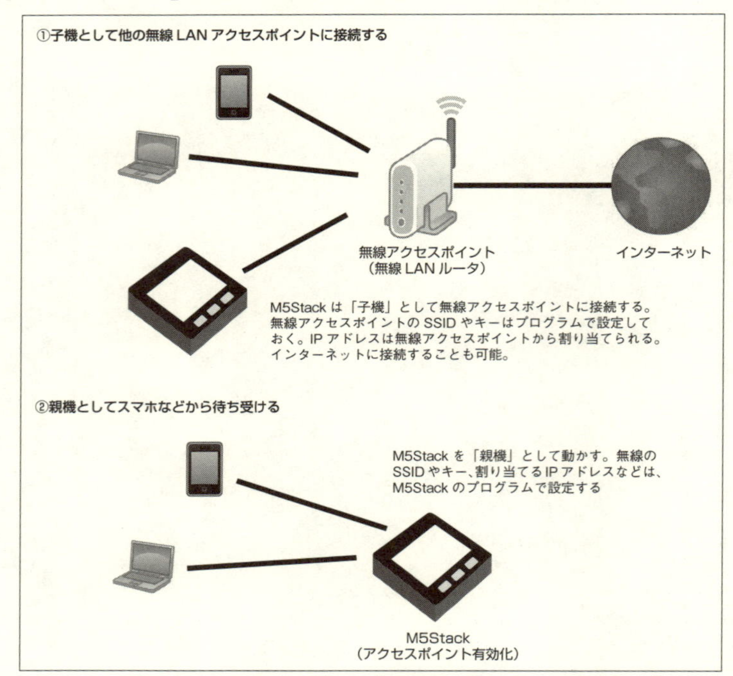

図6-1 「子機」となる方法と、「親機」となる方法

*

「無線LAN」で通信する場合は、「M5Stack」をはじめ、「スマホ」や「パソコン」などには、「192.168.1.1」のような「ピリオド」で区切られた書式の「IPアドレス」が割り当てられます。

また、「サブネット・マスク」や「デフォルト・ゲートウェイ」と呼ばれる設定も必要です。

本書はネットワークに関する書籍ではないので、こうしたネットワークの仕組みや用語については説明しません。

もし、ネットワークについて知らない場合は、それらの書物を参照してください。

6-2 他の「無線LANアクセスポイント」に接続する

では、順を追って説明していきましょう。

まずは、既存の「無線LANアクセスポイント」に接続する方法からはじめます。

■「無線LAN」のライブラリ

「無線LANの機能」は、「WiFi.hファイル」にまとめられています。

次のようにして、インクルードします。

```
#include "WiFi.h"
```

このライブラリはM5Stack専用というわけではなく、「Arduino汎用」のライブラリです。

接続には、「WiFiクラス」を使います(表6-1)。

【WiFi library】
https://www.arduino.cc/en/Reference/WiFi

表6-1 「WiFiクラス」の関数

関 数	機 能
void begin() **void** begin(ssid) **void** begin(ssid, pass) **void** begin(ssid, keyindex, key)	接続する。 「ssid」はネットワークの「SSID」。 「pass」や「key」は、「暗号化キー」。 「keyindex」は、「キー番号」。
void disconnect()	切断する
void config(ip, [,dns, gateway, subnet])	ネットワークを構成する。 「ip」は「IPアドレス」。 「dns」は「DNSサーバのIPアドレス」。 「gateway」は「デフォルト・ゲートウェイのIPアドレス」。 「subnet」は、「サブネット・マスク」
void setDNS(dns_server1[, dns_server2])	「DNSサーバのIPアドレス」を設定する
String SSID([wifiAccessPoint])	「SSID」を取得する
void BSSID(bssid)	「接続先ルータのMACアドレス」を取得する
long RSSI([wifiAccessPoint])	「電波強度」を取得する
byte encryptionType([wifiAccessPoint])	「暗号化の種類」を取得する
byte scanNetworks()	ネットワーク・スキャンする
int status()	「接続ステータス」を返す
int getSocket()	最初の「ソケット」を返す
void macAddress(mac)	「自身のMACアドレス」を取得する

■接続と「IPアドレス」の取得

「無線LANアクセスポイント」(以下、アクセスポイント)に接続するには、**リスト6-1**のようにします。

実行すると、アクセスポイントに接続し、「割り当てられたIPアドレス」を画面に表示します(**図6-2**)。

Memo

タイミングによっては、「Connecting...」のように、処理が進まないことがあります。
そのときは、一度「電源ボタン」を軽く押して、M5Stackを再起動してみてください。

リスト6-1　「アクセスポイント」に接続し、「割り当てられたIPアドレス」を表示する

```
#define LOAD_FONT2
#include <M5Stack.h>
#include "WiFi.h"

// SSIDとキー
const char SSID[] = "SSIDを記入";
const char WIFIKEY[] = "暗号化キーを記入";

void setup() {
  // M5Stackの初期化
  M5.begin();

  M5.Lcd.setTextSize(2);
  M5.Lcd.print("Connecting");

  // アクセスポイントに接続
  WiFi.begin(SSID, WIFIKEY);

  while (WiFi.status() != WL_CONNECTED) {
    delay(1000);
    M5.Lcd.print(".");
  }
  M5.Lcd.clear();

  // IPアドレスを画面に表示
  String myIP = WiFi.localIP().toString();
  M5.Lcd.drawCentreString(myIP, 160, 0, 2);
}

void loop() {
}
```

図6-2　画面に「IPアドレス」が表示される

①「アクセスポイント」に接続する

「アクセスポイント」に接続するには、**「WiFi.begin関数」**を使います。

この際、接続先の「SSID」と「暗号化キー」を引数で指定します。

```
// SSIDとキー
const char SSID[] = "SSIDを記載";
const char WIFIKEY[] = "暗号化キーを記載";

WiFi.begin(SSID, WIFIKEY);
```

そして、接続が完了するまで待ちます。

完了したかどうかは、**「WiFi.status関数」**を使って確認します。

戻り値は、**表6-2**の通りです。

「WL_CONNECTED」になれば、接続完了です。

> **Memo**
>
> このプログラムでは、1000ミリ秒(1秒)ごとに、永遠に待ち続けています。
>
> 何回か待っても接続できないのなら、いったん「WiFi.disconnect()」で切断して、再び、「WiFi.begin()」で再接続を試みたほうが、良い実装です。

```
while (WiFi.status() != WL_CONNECTED) {
  delay(1000);
  M5.Lcd.print(".");
}
```

表6-2 「status関数」の戻り値

定 数	値	意 味
WL_NO_SHIELD	255	インターフェイスが提供されていない
WL_IDLE_STATUS	0	アイドル状態
WL_NO_SSID_AVAIL	1	「SSID」が存在しない
WL_SCAN_COMPLETED	2	スキャン完了
WL_CONNECTED	3	接続された
WL_CONNECT_FAILED	4	接続に失敗した
WL_CONNECTION_LOST	5	接続が切れた
WL_DISCONNECTED	6	切断された

②「IPアドレス」を取得する

接続すると、アクセスポイントから「IPアドレス」が割り当てられます。

「割り当てられたIPアドレス」を取得するには、**「WiFi.localIP関数」**を使います。

文字列に変換するには、**「toString関数」**を使います。

Memo

このIPアドレスは、ネットワーク上の「DHCPサーバ機能」によって割り当てられる値です。
「DHCPによって自動割り当てされるIPアドレス」ではなく、「固定IPアドレス」にしたいときは、「WiFi.config関数」を使ってください。

```
String myIP = WiFi.localIP().toString();
```

6-3　「Web」と通信する

これで、アクセスポイントに接続できました。

アクセスポイントからインターネットに接続されているなら、インターネットとも通信できます。実際にやってみましょう。

■「HTTPClientライブラリ」で接続する

「WiFiライブラリ」で通信するには、**「WiFiClientオブジェクト」**を使うのが基本です。

このオブジェクトは、任意の「TCP/IP通信」をサポートするため、「Web以外の通信」もできます。

しかし、このオブジェクトを使って通信する場合は、Web通信で使われる「HTTPヘッダ」や「リクエスト」などを、自分で処理しなければなりません。

そこで、Web通信に特化した、もっと簡単なライブラリを使うのがいいでしょう。

いくつかのライブラリがありますが、ここでは**「HTTPClient」**を使います。

このライブラリは「ESP32ライブラリ」に含まれているため、追加で何かインストールする必要なく、利用できます。

【HTTPClientライブラリ】
https://github.com/espressif/arduino-esp32/tree/master/libraries/HTTPClient

■ Webに接続してHTMLを液晶に表示する例

まず、Webに接続して取得したデータを液晶に表示するだけのプログラムを作ってみます。

リスト6-2に示すプログラムは、首相官邸のWebサイト（https://www.kantei.go.jp/）にアクセスし、そのページのソース——すなわち、「HTMLデータ」を、液晶に表示するものです（**図6-3**）。

リスト6-2 Webサイトにアクセスして、「HTMLソース」を表示する例

```
#include <M5Stack.h>
#include "WiFi.h"
#include <HTTPClient.h>

// SSIDとキー
const char SSID[] = "SSIDを記入";
const char WIFIKEY[] = "暗号化キーを記入";

// HTTPClientオブジェクト
HTTPClient http;

void setup() {
  // M5Stackの初期化
  M5.begin();

  M5.Lcd.print("Connecting");

  // アクセスポイントに接続
  WiFi.begin(SSID, WIFIKEY);

  while (WiFi.status() != WL_CONNECTED) {
    delay(1000);
    M5.Lcd.print(".");
  }
  M5.Lcd.clear();
  M5.Lcd.setCursor(0, 0);

  // Webサーバとの接続を準備する
  http.begin("https://www.kantei.go.jp/");

  // 接続して結果を取得
```

```
  int status = http.GET();

  if (status > 0) {
    if (status == 200) {
      String body = http.getString();
      M5.Lcd.println(body);
    }
  } else {
    M5.Lcd.print(http.errorToString(status));
  }

  // 接続完了
  http.end();
}

void loop() {
}
```

図6-3 「リスト6-2」の実行結果

①「HTTPClientオブジェクト」の用意

Webで接続するため、「HTTPClientオブジェクト」を用意します。

次のように「HTTPClient.h」をインクルードして、オブジェクト変数を用意しておきます。

```
#include <HTTPClient.h>
HTTPClient http;
```

②「接続先のWebサーバ」を指定する

Webサーバに接続するには、まず**「begin関数」**を使って、「接続先のWebサーバ」を指定します。

引数には、「URL」を指定します。

「http://」と「https://」のどちらにも対応します。

なお、「begin関数」は準備するだけで、この時点ではまだ接続しません。

```
http.begin("https://www.kantei.go.jp/");
```

③接続してデータを取得する

接続するには、**「GET関数」**を実行します。

Memo

名前から想像できるように、「POSTメソッド」で接続する「POST関数」もあります。
入力フォームの内容を送信する場合は、「POST関数」を使うことになるでしょう。

```
int status = http.GET();
```

「GET関数」は、接続して、その結果の**「HTTPステータス・コード」**を返します。

「成功」なら**「200」**、「該当のURLが見つからない」なら**「404」**などの値です。

リスト6-2では、この値が「200」であるかどうかで、成否を判定しています。

*

データを取得するには、**「getString関数」**を使います。

ここでは、取得したデータを液晶画面にそのまま表示しています。

```
if (status == 200) {
  String body = http.getString();
  M5.Lcd.println(body);
}
```

Column 「リダイレクト」に対応しない

Webの通信プロトコルでは、「別のURLにアクセスする」という場合の、「リダイレクト」という処理があります。

リダイレクトは、「301」や「302」というステータスコードを返し、「Locationヘッダ」に「リダイレクト先のURL」が示されます。

「HTTPClientオブジェクト」では、自動でリダイレクトされないので、こうした場合には、プログラムでそのリダイレクト先に再接続する処理を書く必要があります。

最近では、「http://」でアクセスし、暗号化サイトの「https://」にリダイレクトするときに、こうした機構が使われることがあります。

6-4 「Web API」を利用する

こうしたHTMLを整形して表示すれば、M5Stackで「Webサイト」が見れますが、「HTMLを解析する機能」を作るのは複雑なので、現実的ではありません。

M5Stackでは、「HTML」ではなくて、何か値だけを返す「Web API」を呼び出して、その結果を画面に表示するようにするのが現実的です。

■「OpenWeatherMap」で天気を取得する

インターネットには、さまざまな「Web API」が提供されています。

有償のものもあれば無償のものもあり、また無償であっても、ユーザー登録が必要なものなど、多岐にわたります。

ここでは、地域の天気を返す「OpenWeatherMap」というサービスを使って、「天気」を「M5Stackの液晶画面」に表示してみたいと思います。

「OpenWeatherMap」は有償のサービスですが、いくつかのAPIは、ユーザー登録をすれば、無償で利用できます。

【OpenWeatherMap】
https://openweathermap.org/

■ユーザー登録する

「OpenWeatherMap」を使うには、ユーザー登録が必要です。

ユーザー登録すると、「APIキー」と呼ばれる、「APIを利用するために必要なキー」が発行されます。

手順 「OpenWeatherMap」にユーザー登録する

[1]サインアップする

「OpenWeatherMapのWebサイト」にアクセスし、[Sign Up]をクリックします(図6-4)。

【OpenWeatherMap】 https://openweathermap.org/

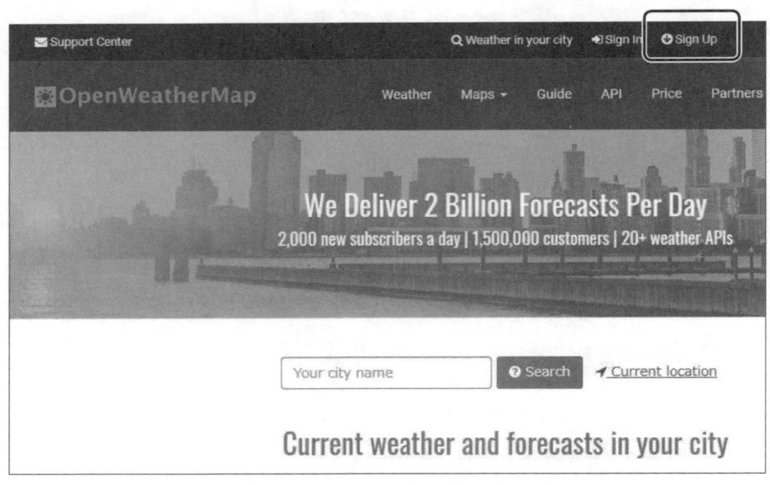

図6-4 [Sign up]をクリックする

[2]「氏名」や「メールアドレス」などを入力する

登録画面が表示されます。

「氏名」や「メールアドレス」などを入力し、[Create Account]をクリックして登録します(図6-5)。

その後、アンケートが表示されたら、それにも回答してください。

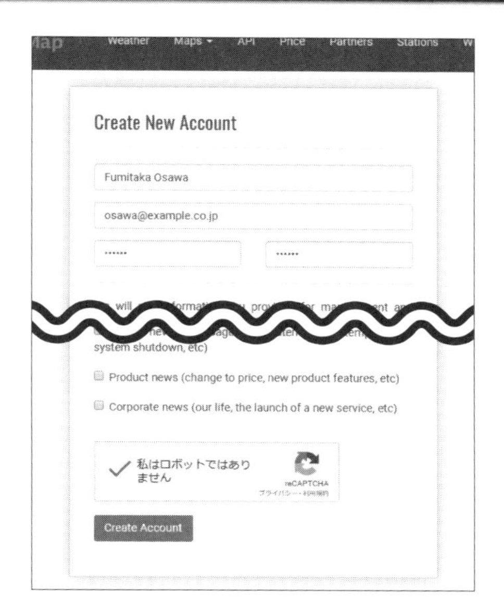

図6-5 「氏名」や「メールアドレス」などを入力して登録する

■「APIキー」を確認する

登録が済むと、「APIキー」が発行されます。

発行された「APIキー」は、下記URLの[API keys]タブで確認できます(図6-6)。

【サインイン後のページ】
https://home.openweathermap.org/

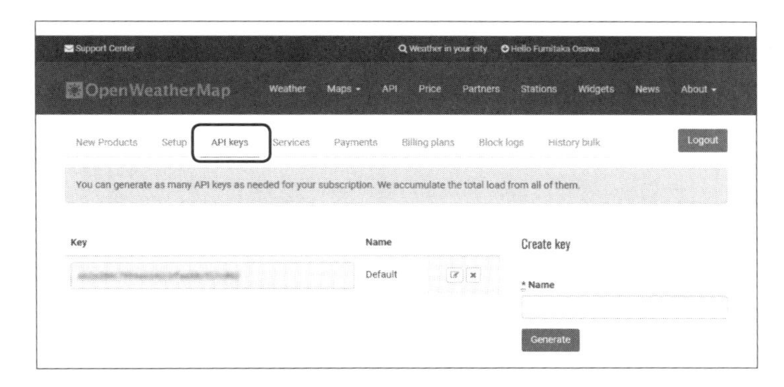

図6-6 「APIキー」を確認する

■ APIの構造を確認する

どのようなAPIがあり、どのような構造のデータが戻されるのかは、[API]メニューをクリックすると表示される、「APIドキュメント」で確認できます。

【APIドキュメント】
https://openweathermap.org/api

いくつかのAPIがありますが、ここでは「5 day / 3 hour forecast」というAPIを使います。

これは、「5日間の3時間ごとの天気を返すAPI」で、無償の範囲で利用できます。

[API doc]のリンクをクリックすると、その利用例が表示されます（図6-7、図6-8）。

図6-7　APIドキュメント

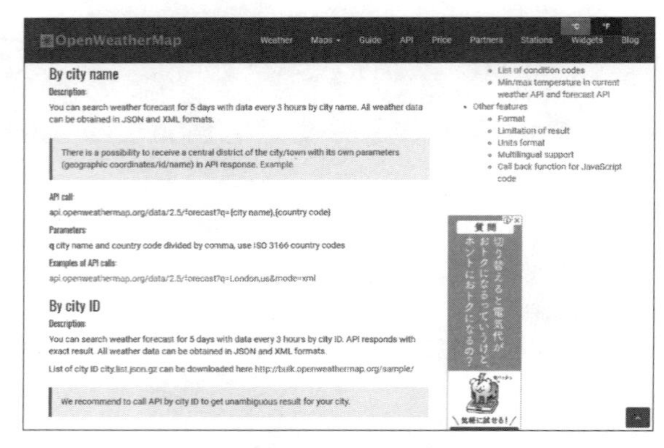

図6-8　APIの利用例

「Examples of API calls:」という項目には、「APIのリンク」があり、それをクリックすると、どのような構造のデータが返されるのかを確認できます。

```
api.openweathermap.org/data/2.5/forecast?q=London,us&mode=xml
```

「q」は「都市名」です。そして「mode」は「出力形式」です。

「mode=xml」を指定すると、データ形式が「XML」になり、M5Stackでは少し扱い難くなります。

そこで、**「JSON形式」**で扱います。

「JSON形式」にするには、「mode=xml」を指定しないようにします。

```
api.openweathermap.org/data/2.5/forecast?q=London,us
```

実際に、こうしたURLでアクセスすると、**図6-9**のように、「JSON形式」のデータが表示されます

Memo

図6-9に示した画面は、「Chrome」に「JSONView」という拡張機能を追加して表示しています。拡張機能をインストールしていない場合は、すべてつながった長い文字列として表示されます。

Memo

実際にアクセスするときは、「api.openweathermap.org/data/2.5/forecast?q=London,us&appid=XXXXXXXXXX」のように、「appid」が必要です。

これは、発行された「APIキー」です。

```
{
    cod: "200",
    message: 0.0032,
    cnt: 36,
  - list: [
      - {
            dt: 1487246400,
          - main: {
                temp: 286.67,
                temp_min: 281.556,
                temp_max: 286.67,
                pressure: 972.73,
                sea_level: 1046.46,
                grnd_level: 972.73,
                humidity: 75,
                temp_kf: 5.11
            },
          - weather: [
              - {
                    id: 800,
                    main: "Clear",
                    description: "clear sky",
                    icon: "01d"
                }
            ],
          - clouds: {
                all: 0
            },
          - wind: {
                speed: 1.81,
                deg: 247.501
            },
          - sys: {
                pod: "d"
            },
            dt_txt: "2017-02-16 12:00:00"
        },
      - {
            dt: 1487257200,
          - main: {
                temp: 285.66,
                temp_min: 281.821,
                temp_max: 285.66,
                pressure: 970.91,
                sea_level: 1044.32,
```


図6-9 「JSON形式」の結果の例

この「JSON形式」の構造や意味は、「APIドキュメント」に記載されています。

簡単に言うと、全体の構造は「list」の部分に入っており、

- 「dt」が「予想時刻」(UNIXタイムスタンプ)、「dt_txt」がその文字列表記
- 「main.temp」が「予想気温」(ケルビン)
- 「weather.id」が「天気のID」、「weather.main」が「天気の種別」、「weather.description」が「説明文」、「weather.icon」が「アイコン」

です。

「weather」が何を示すかは、下記のドキュメントに示されており、「晴れ」「曇り」「雨」などのアイコンも定義されています(**図6-10**)。

【Weather Conditions】
https://openweathermap.org/weather-conditions

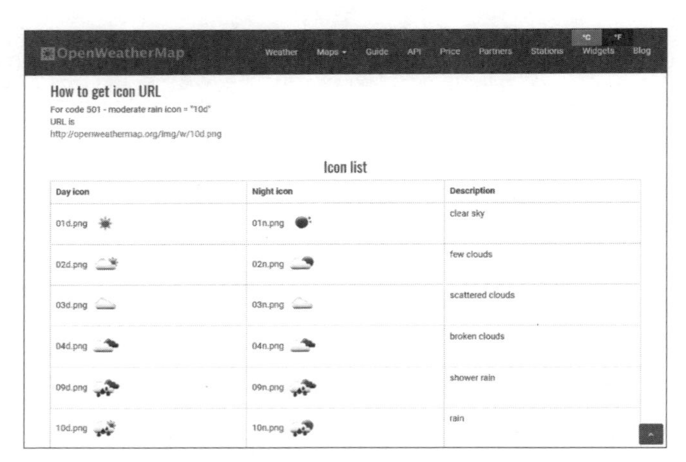

図6-10　天気の定義

■M5Stackで「JSONデータ」を扱う

こうしたデータを処理するには、「JSONデータ」を分割して、それぞれの項目を取り出す必要があります。

もちろん、自分で取り出してもかまいませんが、それは大変なので、ライブラリを使ったほうがいいでしょう。

＊

ここでは、「ArduinoJSON」というライブラリを使います。

以下のようにして、インストールしてください。

[1]「GitHub」から「ZIP形式」でダウンロードする(図6-11)。

[2]「Arduino IDE」の[スケッチ]メニューから[ライブラリをインクルード]→[.ZIP形式のライブラリをインストール]を選択する。

Memo

「ArduinoJSON」は、「バージョン5系」と「バージョン6」系で、大きく仕様が変わっているので、注意してください。

ここでは、「バージョン6系」を利用しています。

【ArduinoJSON】
https://github.com/bblanchon/ArduinoJson

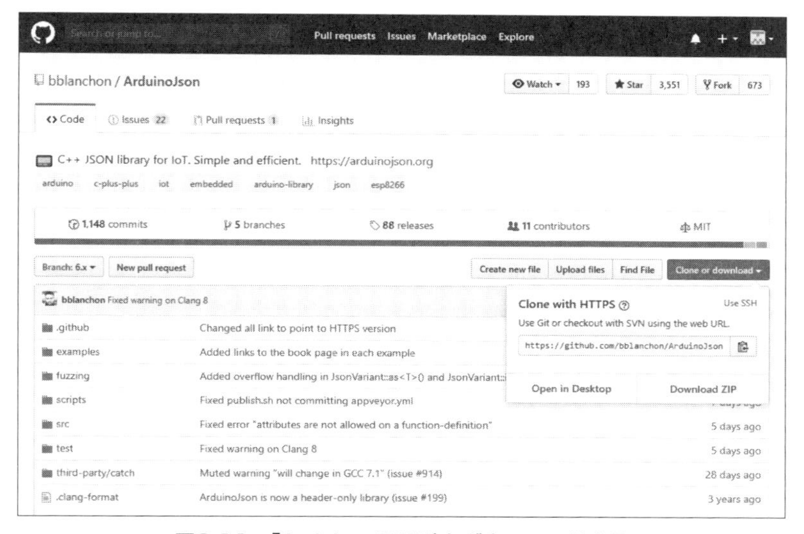

図6-11 「ArduinoJSON」をダウンロードする

■「天気予報」を表示する例

「天気予報」を表示するプログラム例を、**リスト6-3**に示します。

実行すると、「Tokyo」の天気予報の直近から4件を、液晶画面に表示します(**図6-12**)。

ここでは話を簡単にするために文字列でしか表示していませんが、アイコンを表示すれば、もっと見やすくなるでしょう。

> **Memo**
>
> アイコンの表示には、**第3章**で説明した「M5.Lcd」の「drawBitmap関数」や「drawJpg関数」などが利用できます。
>
> 残念ながら、OpenWeatherMapが提供するアイコンは「PNG形式」であるため、そのまま表示することはできません。
>
> 自前で、別の「JPEG形式の画像」を用意して、「microSDカード」などに入れて対応することになるでしょう。

リスト6-3　天気予報を表示する例

```
#define LOAD_FONT2
#include <M5Stack.h>
#include "WiFi.h"
#include <HTTPClient.h>
#include <ArduinoJson.h>

// SSIDとキー
const char SSID[] = "SSIDを記入";
const char WIFIKEY[] = "暗号化キーを記入";

// JSONの格納バッファ
DynamicJsonDocument buffer(4096);

// HTTPClientオブジェクト
HTTPClient http;

void setup() {
  // M5Stackの初期化
  M5.begin();

  M5.Lcd.print("Connecting");
```

```
  // アクセスポイントに接続
  WiFi.begin(SSID, WIFIKEY);

  while (WiFi.status() != WL_CONNECTED) {
    delay(1000);
    M5.Lcd.print(".");
  }
  M5.Lcd.clear();
  M5.Lcd.setCursor(0, 0);
}

void loop() {
  const String CITY = "Tokyo";
  const String APPID = "APIキーを記入";

  // 天気サーバとの接続を準備する
  String url = "http://api.openweathermap.org/data/2.5/
forecast?q=" + CITY + "&appid=" + APPID;
  http.begin(url);

  // 接続して結果を取得
  int status = http.GET();

  if (status > 0) {
    if (status == 200) {
      String body = http.getString();

      // JSONデータを解析
      deserializeJson(buffer, body);

      //「日付テキスト」「気温」「天気の説明文」を得て画面表示
      char msg[256];
      int y = 0;
      for (int i = 0; i < 4; i++) {
        String dt_txt = buffer["list"][i]["dt_txt"];
        double temp = buffer["list"][i]["main"]["temp"];
        String desc = buffer["list"][i]["weather"][0]
["description"] ;

        M5.Lcd.drawCentreString(dt_txt, 160, 0 + y, 2);
        sprintf(msg, "%f C", temp - 273.15);
        M5.Lcd.drawCentreString(msg, 160, 16 + y, 2);
        M5.Lcd.drawCentreString(desc, 160, 32 + y, 2);
```

```
        y += 60;
      }
    }
  } else {
    M5.Lcd.print(http.errorToString(status));
  }

  http.end();
  // 天気予報は頻繁に変わらないので、次の取得までは1時間ほど待つ
  delay(60 * 60 * 1000);
}
```

図6-12 「リスト6-3」の実行結果

[1]「OpenWeatherMap」に接続して、「JSONデータ」を得る

まずは、「OpenWeatherMap」に接続して、「JSONデータ」を得ます。

これは前節で説明したのとまったく同じ方法で、「HTTPClientライブラリ」を使います。

[1-1]「begin関数」で接続先を指定する

「URL」は、先に説明した「OpenWeatherMapのAPIのURL」です。

```
const String CITY = "Tokyo";
const String APPID = "APIキーを記入";
// 天気サーバとの接続を準備する
String url = "http://api.openweathermap.org/data/2.5/forec
ast?q=" + CITY + "&appid=" + APPID;
http.begin(url);
```

[1-2]「GET関数」を使って接続する

```
int status = http.GET();
```

「APIの実行結果」は、「getString関数」で取得できます。

```
String body = http.getString();
```

[2]「JSONデータ」を解析する

上記のようにして取得した「body変数」の内容は、**図6-9**に示した構造の「JSON形式文字列」です。

これを解析して、それぞれ要素として扱えるようにします。

そのためには、すでに説明した「ArduinoJSONライブラリ」を使います。

[2-1]「解析用のバッファ」を、あらかじめ確保しておく

このプログラムでは、4096バイトの「バッファ」を用意しました。

```
#include <ArduinoJson.h>

// JSONの格納バッファ
DynamicJsonDocument buffer(4096);
```

[2-2]「deserializeJson関数」を使い、変換する

バッファさえ確保してしまえば、変換は簡単です。

次のようにして、変換します。

```
deserializeJson(buffer, body);
```

解析したデータは、「配列」のように扱えます。

次のようにして、4件分のデータを取り出して、液晶画面に表示しています。

```
// 「日付テキスト」「気温」「天気の説明文」を得て画面表示
char msg[256];
int y = 0;
for (int i = 0; i < 4; i++) {
  String dt_txt = buffer["list"][i]["dt_txt"];
  double temp = buffer["list"][i]["main"]["temp"];
  String desc = buffer["list"][i]["weather"][0]["description"] ;
  ・・・略・・・
}
```

6-5 「NTP」を使って、「現在時刻」を取得する

M5Stackをインターネットに接続したとき、よく使われる実用的な処理が、「現在の日時を取得すること」です。

M5Stackには、日時を保持する仕組みがないので、「現在の日時」が分かりません。

しかし、インターネットで時刻合わせに使われる「NTPプロトコル」を使うと、「現在の日時」を取得できます。

Column RTCモジュール

インターネットに接続していない状況でも、「現在の日時」を取得したいことがあります。

そうしたときには、「RTCモジュール」を使います。

「RTC」は、正確に時を刻むモジュールで、「M5Stack」とは「I2C」で接続します。

コイン電池を搭載しているため、一度、日時を設定すれば、M5Stackの電源を切っても再設定する必要がありません。

■現在の時刻を、“刻々”と表示する例

現在の時刻を表示するのは簡単です。

リスト6-4に、現在の日時を、“10秒ごと”に表示する例を示します(**図6-13**)。

Memo

「NTP」は「時刻合わせのためのプロトコル」で、普段は、「サーバ」や「パソコン」が、1日1回程度、自分の時刻がズレていないかを確認するときに使うものです。

高い頻度でアクセスすると、相手先のサーバに負荷がかかるので、避けましょう。

ここでは「10秒間隔」で接続していますが、本来の用途を考えると、これでも短すぎる間隔です。

リスト6-4 「現在時刻」を表示する例

```
#define LOAD_FONT2
#include <M5Stack.h>
#include "WiFi.h"

// SSIDとキー
const char SSID[] = "SSIDを記入";
const char WIFIKEY[] = "暗号化キーを記入";

void setup() {
  // M5Stackの初期化
  M5.begin();

  M5.Lcd.print("Connecting");

  // アクセスポイントに接続
  WiFi.begin(SSID, WIFIKEY);

  while (WiFi.status() != WL_CONNECTED) {
    delay(1000);
    M5.Lcd.print(".");
  }
  M5.Lcd.clear();
  M5.Lcd.setCursor(0, 0);

  // NTPを設定する
  configTime(9 * 3600, 0, "ntp.nict.jp");
}

void loop() {
  // 時刻取得
  struct tm tmInfo;
  getLocalTime(&tmInfo);

  char msg[100];
  sprintf(msg, "%04d-%02d-%02d %02d:%02d:%02d",
    tmInfo.tm_year + 1900, tmInfo.tm_mon + 1, tmInfo.tm_mday,
    tmInfo.tm_hour, tmInfo.tm_min, tmInfo.tm_sec);

  M5.Lcd.drawCentreString(msg, 160, 120, 2);
  delay(5000);
}
```

図6-13　「リスト6-4」の実行結果

①「NTPサーバ」を設定

まずは、時刻合わせの機能を提供している「NTPサーバ」を設定します。

インターネットには、さまざまな「NTPサーバ」があり、そこから適当なものを使います。

「日本　NTPサーバ」などで検索すれば、いくつか見つかるはずです。

ここでは、**情報通信研究機構**が提供している**「ntp.nict.jp」**を使いました。

「NTPサーバ」を設定するには、「configTime関数」を使います。

このとき、「世界標準時からのズレ」を、“秒単位”で指定します。

日本は9時間ズレているので、次のようにします。

```
configTime(9 * 3600, 0, "ntp.nict.jp");
```

②「現在日時」の取得

「現在日時」を取得するには、**「getLocalTime関数」**を使います。

```
struct tm tmInfo;
getLocalTime(&tmInfo);
```

得られた値の「tm_year」「tm_mon」「tm_mday」「tm_hour」「tm_min」「tm_sec」に、それぞれ、「年」「月」「日」「時」「分」「秒」が格納されます。

ただし、「年」は**1900年はじまり**、「月」は**0はじまり**なので注意してください。

ここでは、次のようにして画面に表示しています。

```
char msg[100];
```

```
sprintf(msg, "%04d-%02d-%02d %02d:%02d:%02d",
  tmInfo.tm_year + 1900, tmInfo.tm_mon + 1, tmInfo.tm_mday,
  tmInfo.tm_hour, tmInfo.tm_min, tmInfo.tm_sec);

M5.Lcd.drawCentreString(msg, 160, 120, 2);
```

6-6　「Webサーバ」として構成する

これまで、M5Stackが「別のサーバ」に接続して、何かデータを表示する方法を説明しました。

しかし、「M5Stackがサーバ」になり、「スマホ」や「パソコン」からの接続を受け付け、何か処理をするようにもできます。

■ブラウザでアクセスしたときにページの内容を見せる

まずは、その基本として、M5Stackが「Webサーバ」として機能するための方法を説明します。

ここでは、「M5StackのIPアドレス」が、「192.168.11.12」のようなIPアドレスであるとします。

このとき同一LAN上の「スマホ」や「パソコン」のブラウザで、「http://192.168.11.12/」のようにアクセスすると、M5Stack上で用意した「Webページ」を表示されるようにしてみましょう(図6-14)。

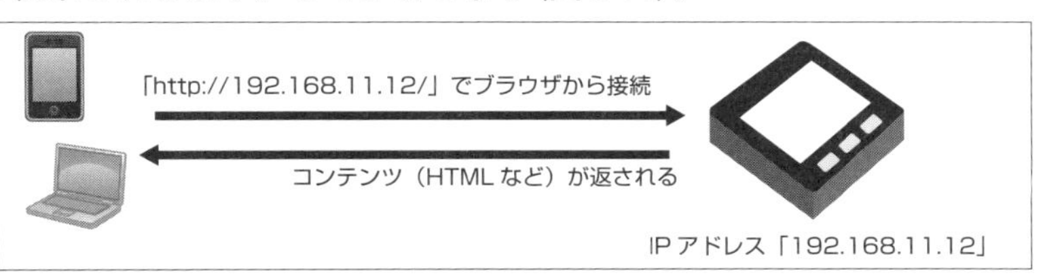

図6-14　ブラウザで「M5Stack」にアクセスする

■「WebServerライブラリ」を使う

このようなサーバ機能を作る場合、**「WiFiServer」**というクラスを使うのが慣例です。

【WiFiServer】
https://www.arduino.cc/en/Reference/WiFiServer

しかし、「WiFiServer」は汎用的なサーバ機能なので、Webサーバの「HTTPの機能」を、すべて自分で実装しなければなりません。
そのため、プログラムが複雑になります。

*

そこで、ここではもっと簡単に使える「クラス」を使います。
そのクラスとは、**「WebServer」**です。

このクラスは、「M5Stack」のマイコンである「ESP32ライブラリ」に含まれているはずですが、バージョンが古い場合は、含まれていないかもしれません。
その場合は、**コラム**を参考にして、インストールしてください。

【WebServerクラス】
https://github.com/espressif/arduino-esp32/tree/master/libraries/WebServer

Column 「WebServerクラス」がないとき

「#include <WebServer.h>」と記述した部分でエラーが出る場合は、「WebServerクラス」がインストールされていない可能性があります。

その場合は、次に説明する方法で「ESP32ライブラリ」を最新版に更新してみてください。

Memo

下記の設定では、既存の「ESP32ライブラリ」を差し替えます。
「4-3　音声合成する」では、追加のライブラリを認識させるため、「platform.local.txt」を書き換えていますが、これは、下記の作業フォルダにあり、消えてしまうので注意してください。

[1]「ESP32ライブラリ」をダウンロードする

下記のGitHubから、「ESP32ライブラリ」を「ZIP形式」で、一式ダウンロードします。

このZIPファイルの中には、「WebServerクラス」が含まれています。

https://github.com/espressif/arduino-esp32/

[2]既存のライブラリを上書きして書き換える

「Arduino IDE」の「ESP32ライブラリが入っているフォルダ」を、[1]を展開した内容で置き換えます。

筆者の環境では、「C:¥Users¥ユーザー名¥Documents¥Arduino¥hardware¥espressif¥esp32¥libraries」でした。

[3]「get.exe」を実行する

[2]に含まれている「get.exe」を右クリックし、[管理者として実行]を選択して実行します。

その結果、「esptoolsディレクトリ」ができ、「esptool.exe」というファイルが作られます。

[4]もし「WiFi.hエラー」が発生したら、対処する

上記で設定は完了ですが、もし、コンパイルしたときに、「WiFi.hに対して複数のライブラリが見つかりました」というエラーが発生するようなら、「C:¥Program Files(x86)¥Arduino¥libraries¥WiFi」を削除してみてください。

■基本的な「Webサーバ」の例

M5Stackで「Webサーバ」を構成する実例を、**リスト6-5**に示します。

リスト6-5は、「**http://IPアドレス/**」と「**http://IPアドレス/link.html**」、そして、「**エラーページ**」の3つのコンテンツを提供しています(**図6-15**)。

このプログラムを実行すると、「M5Stackの液晶」には、「IPアドレス」が表示されます。

同一LAN上の「スマホ」や「パソコン」のブラウザで、「そのIPアドレスのURL」にアクセスすると、該当のページが表示されます。

リスト6-5 「Webサーバ」の基本的な例

```
#define LOAD_FONT2
#include <M5Stack.h>
#include "WiFi.h"
#include <WebServer.h>

// SSIDとキー
const char SSID[] = "SSIDを記入";
const char WIFIKEY[] = "暗号化キーを記入";

// WebServerオブジェクト
WebServer server(80);

void setup() {
  // M5Stackの初期化
  M5.begin();

  M5.Lcd.print("Connecting");

  // アクセスポイントに接続
  WiFi.begin(SSID, WIFIKEY);

  while (WiFi.status() != WL_CONNECTED) {
    delay(1000);
    M5.Lcd.print(".");
  }
  M5.Lcd.clear();
```

```
  // IPアドレスを画面に表示
  String myIP = WiFi.localIP().toString();
  M5.Lcd.drawCentreString(myIP, 160, 0, 2);

  // WebサーバのURLマッピングを設定
  server.on("/", HTTP_GET, []() {
    server.send(200, "text/html",
                "<html><head><meta charset='utf-8'></head>"
                "<body><h1>テスト</h1><a href='link.html'>リ
ンク</a></body></html>"
               );
  });
  server.on("/link.html", HTTP_GET, []() {
    server.send(200, "text/html",
                "<html><head><meta charset='utf-8'></head>"
                "<body><h1>リンク先</h1><a href='/'>戻る</
a></body></html>"
               );
  });
  server.onNotFound([]() {
    server.send(404, "text/html",
                "<html><head><meta charset='utf-8'></head>"
                "<body>ファイルが見つかりません</body></html>"
               );
  });

  // Webサーバの開始
  server.begin();
}

void loop() {
  server.handleClient();
}
```

図6-15　用意した3つのコンテンツ

①「WebServerオブジェクト」の準備

まずは、「WebServer.h」をインクルードし、「WebServerオブジェクト」を用意します。

引数に指定している「80」は、「ポート番号」です。

一般に「http://」のURLで接続できるようにするなら、「ポート番号」は「80」です。

```
#include <WebServer.h>

// WebServerオブジェクト
WebServer server(80);
```

②「URLマッピング」を設定

"どのURLのパス"が要求されたときに、"どのようなコード"を実行するかを、**「on関数」**で定義します。

```
server.on("URLパス", メソッド, []() {
  ・・・処理・・・
});
```

という書式で定義します。

リスト6-5では、「/」と「/link.html」に対して、次のようにしています。

```
// Webサーバのurlマッピングを設定
server.on("/", HTTP_GET, []() {
  server.send(200, "text/html",
              "<html><head><meta charset='utf-8'></head>"
              "<body><h1>テスト</h1><a href='link.html'>リン
ク</a></body></html>"
             );
});
server.on("/link.html", HTTP_GET, []() {
  server.send(200, "text/html",
              "<html><head><meta charset='utf-8'></head>"
              "<body><h1>リンク先</h1><a href='/'>戻る</a></
body></html>"
             );
});
```

クライアントにデータを返すには、「send関数」を使います。

```
server.send(HTTPステータスコード, コンテンツタイプ, 送信データ);
```

上の例では、「200」という「ステータス・コード」(これは、「HTTPプロトコル」において「成功」を示す)とし、「text/html」という「コンテンツ・タイプ」(これは「HTMLデータ」であることを示す)で、ユーザーに表示したい「HTML」の内容を返しています。

Column 「[]() {}」って何？

「[]() {}」は、その場所に「関数」を書くときの、簡略表記です。

たとえば、「/」に対する処理を記述するときは、このように記述するのではなく、別に適当な関数(下記の例では、「resultok」という関数)を作って、その関数名を指定しても同じです。

```
void resultok() {
  server.send(200, "text/html",
              "<html><head><meta charset='utf-8'></head>"
              "<body><h1>リンク先</h1><a href='/'>戻る</
a></body></html>"
             );
}

server.on("/", HTTP_GET, resultok);
```

しかし「[]() {}」と書けば、その場で処理を定義できるので、プログラムがスッキリします。

③合致しないときの定義

「URLパス」のどれにも合致しないときの処理は、「onNotFound関数」で定義します。

ここでは、「404」という「ステータス・コード」(これは「HTTPプロトコル」において、「該当のものが見つからない」ことを示す)として、結果を返しています。

```
server.onNotFound([]() {
  server.send(404, "text/html",
              "<html><head><meta charset='utf-8'></head>"
              "<body>ファイルが見つかりません</body></html>"
            );
});
```

④「Webサーバ」の開始

設定が終わったら、「**begin関数**」を呼び出します。

```
// Webサーバの開始
server.begin();
```

⑤接続の受け入れ

Arduinoプログラムの「loop関数」では、「**handleClient関数**」の呼び出しを記述します。

※これを忘れると、接続を受け入れられないので注意してください。

```
void loop() {
  server.handleClient();
}.
```

Column 多機能な「WebServer」を使いこなそう

「on関数」を使って「URL」と「処理」を関連付ける方法は、URLの数が少ないときはいいものの、多くなると、こうした方法は適しません。

たとえば、「microSDカードに、あらかじめコンテンツを置いておいて、リクエストがあったら、そのコンテンツを読み込んで返したい」というような場合、事前に、「ファイル」と「URL」との関連付けを、すべてプログラムに記述できないため、うまくいきません。

そのようなときには、「WebServerクラス」の「addHandler関数」を使って、全体を処理する関数を追加して処理するようにします。

「WebServer」には、「ファイルのアップロード」や「認証機能」などが作れる仕組みもあります。
ぜひ、サンプル・プログラムを参考にしてみてください。

【WebServerのサンプル】
https://github.com/espressif/arduino-esp32/tree/master/libraries/WebServer/examples

■温度センサの値を、「スマホ」や「パソコン」で確認できるようにする

「返すHTML」は、固定の文字列である必要はありません。
たとえば、「M5Stackに接続したセンサの値」などを、結果として返すこともできます。

リスト6-6は、**「5-4　Groveセンサをつないでみる」**と同じ回路構成で、**「BMP280モジュール」**をつないだ状態のときに、「温度と気温」を「HTML」で返すようにしたものです。

スマホやパソコンのブラウザで、「http://M5StackのIPアドレス/」にアクセスすると、**図6-16**のように、現在の「温度・気圧」をブラウザで確認できます。

※「IPアドレス」は、「M5Stackの液晶画面」に表示されるようにしてあります。

リスト6-6　Groveに接続した「BMP280モジュール」の「温度・気圧」を返す例

```
#define LOAD_FONT2
#include <M5Stack.h>
#include "WiFi.h"
#include <WebServer.h>
#include "Seeed_BMP280.h"

// SSIDとキー
const char SSID[] = "SSIDを記入";
const char WIFIKEY[] = "暗号化キーを記入";

// WebServerオブジェクト
```

```
WebServer server(80);

// BMP280オブジェクト
BMP280 bmp280;

void setup() {
  // M5Stackの初期化
  M5.begin();

  // I2Cの初期化
  Wire.begin();

  // BMP280の初期化
  if (!bmp280.init()) {
    M5.Lcd.print("init error");
  }

  M5.Lcd.print("Connecting");

  // アクセスポイントに接続
  WiFi.begin(SSID, WIFIKEY);

  while (WiFi.status() != WL_CONNECTED) {
    delay(1000);
    M5.Lcd.print(".");
  }
  M5.Lcd.clear();

  // IPアドレスを画面に表示
  String myIP = WiFi.localIP().toString();
  M5.Lcd.drawCentreString(myIP, 160, 0, 2);

  // WebサーバのURLマッピングを設定
  server.on("/", HTTP_GET, []() {
    // 温度・気圧の取得
    float t = bmp280.getTemperature();
    float p = bmp280.getPressure();

    char msg[256];
    sprintf(msg, "%2.2f C %f Pa", t, p);
    server.send(200, "text/html",
                "<html><head><meta charset='utf-8'></head>"
                "<body><h1>温度</h1>" +
                String(msg) +
```

```
                    "</body></html>"
                  );
  });
  server.onNotFound([]() {
    server.send(404, "text/html",
                    "<html><body>ファイルが見つかりません</body>/html>"
                  );
  });

  // Webサーバの開始
  server.begin();
}

void loop() {
  server.handleClient();
}
```

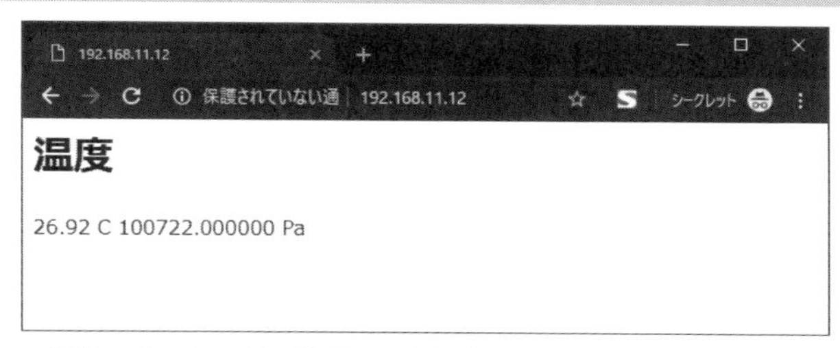

図6-16　センサで取得した「温度」と「気圧」が表示される

■「ボタン」や「フォーム」の値を受け取る

ブラウザで表示されるページに、「テキスト入力」や「ボタン」などの「フォーム」を付けて、そのフォームから各種操作をすることもできます。

＊

たとえば、**リスト6-7**は、

「色」を選んで[設定]ボタンをクリックすると、M5Stackの液晶画面が、「それと同じ色」に設定される

というサンプルです(**図6-17**)。

Memo

リスト6-7は、「色」を選択するのに「<input type="color">」という「入力フィールド」を使っています。

これは、「HTML5」で定義されているタグで、「色を選択するカラー・ピッカー」を表示し、その色を「#rrggbb」の形式(「rr」「gg」「bb」は、それぞれ「赤」「緑」「青」の要素で「00～ff」)の文字列として設定するものです。

*

「カラー・ピッカー」がどのような形状であるのかは、ブラウザに依存します。
「対応していないブラウザ」の場合、「テキスト・ボックス」が表示されるだけのこともあります。
図6-17は、「Androidのスマホ」で接続したときのものです。

リスト6-7 フォームを使った例

```
#define LOAD_FONT2
#include <M5Stack.h>
#include "WiFi.h"
#include <WebServer.h>

// SSIDとキー
const char SSID[] = "SSIDを記入";
const char WIFIKEY[] = "暗号化キーを記入";

// WebServerオブジェクト
WebServer server(80);

// 「00」～「ff」を数値に変換する関数
int convertRGB(String s) {
  int val = 0;

  for (int i = 0; i < 2; i++) {
    val <<= 4;

    char c = s.charAt(i);

    if ((c >= '0') && (c <= '9')) {
      val += c - '0';
    } else if ((c >= 'a' && c <= 'f')) {
      val += (c - 'a') + 10;
    }
  }
  return val;
}
```

```
void setup() {
  // M5Stackの初期化
  M5.begin();

  M5.Lcd.print("Connecting");

  // アクセスポイントに接続
  WiFi.begin(SSID, WIFIKEY);

  while (WiFi.status() != WL_CONNECTED) {
    delay(1000);
    M5.Lcd.print(".");
  }
  M5.Lcd.clear();

  // IPアドレスを画面に表示
  String myIP = WiFi.localIP().toString();
  M5.Lcd.drawCentreString(myIP, 160, 0, 2);

  // WebサーバのURLマッピングを設定
  server.on("/", HTTP_GET, []() {
    String btn = server.arg("btn");
    String colorval = server.arg("colorval");
    if (btn != NULL && colorval != NULL) {
      // 色を設定する
      int r, g, b;
      if (colorval.charAt(0) != '#') {
        r = g = b = 0;
        M5.Lcd.fillScreen(0);
      } else {
        colorval.toLowerCase();
        r = convertRGB(colorval.substring(1, 3));
        g = convertRGB(colorval.substring(3, 5));
        b = convertRGB(colorval.substring(5, 7));

        int rgb565 = ((r>>3)<<11) | ((g>>2)<<5) | (b>>3);
        M5.Lcd.fillScreen(rgb565);
      }
    } else {
      colorval = "#000000";
    }
    server.send(200, "text/html",
                "<html><head><meta charset='utf-8'></head>"
                "<body><h1>色の変更</h1>"
```

```
                "<form method='GET' action='/'>"
                "<input type='color' name='colorval'
value='" + colorval + "'>"
                "<input type='submit' name='btn' value='設定'>"
                "</form>"
                "</body></html>"
               );
  });
  server.onNotFound([]() {
    server.send(404, "text/html",
                "<html><body>ファイルが見つかりません</body>/html>"
               );
  });

  // Webサーバの開始
  server.begin();
}

void loop() {
  server.handleClient();
}
```

図6-17　「リスト6-7」を書き込んだM5Stackの「IPアドレス」に、ブラウザで接続したところ

①「フォーム」の構成

「フォーム」は、次のように構成しています。

```
server.send(200, "text/html",
            "<html><head><meta charset='utf-8'></head>"
            "<body><h1>色の変更</h1>"
            "<form method='GET' action='/'>"
            "<input type='color' name='colorval' value='" +
colorval + "'>"
            "<input type='submit' name='btn' value='設定'>"
            "</form>"
            "</body></html>"
           );
```

文字列の結合で作っているので、少し分かり難いですが、

```
<form method='GET' action='/'>
<input type='color' name='colorval' value='現在の色の値'>
<input type='submit' name='btn' value='設定'>
</form>
```

という「HTML」です。

ここで、**「name属性」**に注目してください。

「色を選択するカラー・ピッカー」には、「colorval」という名前を付けています。

また、[設定]ボタンには、「btn」という名前を付けています。

②送信された値の読み取り

どのような値が送信されてきたのかは、**「arg関数」**で参照できます。

```
server.arg("name属性の値");
```

「色を選択するカラー・ピッカー」には、「colorval」という「name属性値」をつけています。

そのため、ここに設定された値は、次のようにして取得できます。

```
String colorval = server.arg("colorval");
```

ここで取得できる「色」は、「#rrggbb」の形式です。

これを「RGB565」の形式に変換し、「M5.Lcd. fillScreen関数」を呼び出すことで、「液晶画面の色」を変更しています。

```
colorval.toLowerCase();
r = convertRGB(colorval.substring(1, 3));
g = convertRGB(colorval.substring(3, 5));
b = convertRGB(colorval.substring(5, 7));

int rgb565 = ((r>>3)<<11) | ((g>>2)<<5) | (b>>3);
M5.Lcd.fillScreen(rgb565);
```

6-7 「無線LANアクセスポイント」として動かす

これまで、M5Stackを「既存の無線LANのアクセスポイント」に接続して動かしましたが、「M5Stack自身」が「アクセスポイント」になることもできます。

■「無線LANアクセスポイント」として構成する

「アクセスポイント」として構成するには、**リスト6-8**のようにします。

このプログラムを「M5Stack」に書き込むと、「**M5STACK-AP**」というSSIDのアクセスポイント(親機)になります(「キー」は「12345678」としています)。

スマホなどで、実際にその「SSID」を一覧として見ることができ、接続すると、「IPアドレス」も割り当てられます(**図6-18**、**図6-19**)。

このプログラムでは、「M5StackのIPアドレス」を「10.0.0.1」としています。

そして、WebServerクラスを使った「Webサーバ機能」も実装しています。

そのため、接続後に「http://10.0.0.1/」へブラウザでアクセスすると、「アクセスポイントのテスト」という内容のコンテンツが見えるはずです。

リスト6-8 アクセスポイントとして構成する例

```
#include <M5Stack.h>
#include "WiFi.h"
#include <WebServer.h>

// SSIDとキー
const char SSID[] = "M5STACK-AP";
const char WIFIKEY[] = "12345678";

// IPとサブネット
const IPAddress IP(10, 0, 0, 1);
const IPAddress SUBNET(255, 255, 255, 0);

WebServer server(80);

void setup() {
  // M5Stackの初期化
  M5.begin();

  // アクセスポイントを作る
  WiFi.softAP(SSID, WIFIKEY);
  delay(100);

  // IPを設定する
  WiFi.softAPConfig(IP, IP, SUBNET);
  delay(100);

  // IPアドレスを画面に表示
  String myIP = WiFi.softAPIP().toString();
  M5.Lcd.drawCentreString(myIP, 160, 10, 2);

  // QRコードとして表示
  M5.Lcd.qrcode("http://" + myIP, 80, 40, 160);

  // WebサーバのURLマッピングを設定
  server.on("/", HTTP_GET, []() {
    server.send(200, "text/html",
                "<html><head><meta charset='utf-8'></head>"
                "<body><h1>アクセスポイントのテスト</h1></body>
</html>"
              );
  });
  server.onNotFound([]() {
```

```
    server.send(404, "text/html",
                  "<html><body>ファイルが見つかりません</body></html>"
                 );
  });

  // Webサーバの開始
  server.begin();
}

void loop() {
  server.handleClient();
}
```

図6-18 「アクセスポイント」は一覧として表示される

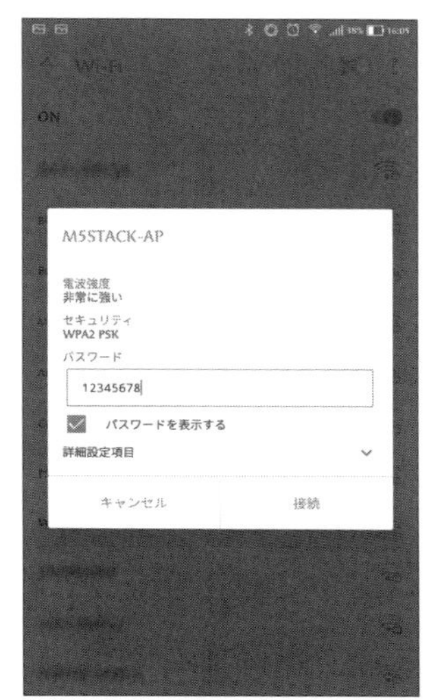

図6-19　「暗号化キー」を入力して接続し、詳細確認したところ。
M5Stackから「IPアドレス」が割り当てられていることが分かる

①「アクセスポイント」を構成する

「アクセスポイント」として構成するには、「WiFi.softAP関数」を実行します。

引数には、「SSID」と「暗号化キー」を渡します。

これは、スマホなどから接続するときの情報となります。

```
// SSIDとキー
const char SSID[] = "M5STACK-AP";
const char WIFIKEY[] = "12345678";

// アクセスポイントを作る
WiFi.softAP(SSID, WIFIKEY);
```

②「IPアドレス」と「サブネット・マスク」を構成する

次に、「softAPConfig関数」を使って、「自身のIPアドレス」と、「利用するネットワーク・アドレスの範囲」を構成します。

ここでは、「自身のIPアドレス」を「10.0.0.1」とし、「サブネット・マスク」を「255.255.255.0」としました。

詳しい説明は省きますが、この設定で「10.0.0.1」～「10.0.0.255」が「利用するネットワーク・アドレスの範囲」として構成されます。

つまり、接続してきたスマホなどは、この範囲の「IPアドレス」(かつ自身に割り当てた「10.0.0.1」以外)が割り当てられます。

```
// IPとサブネット
const IPAddress IP(10, 0, 0, 1);
const IPAddress SUBNET(255, 255, 255, 0);

// IPを設定する
WiFi.softAPConfig(IP, IP, SUBNET);
```

③「IPアドレス」の参照

「このM5Stackに割り当てられたIPアドレス」は、「softAPConfig関数」で明示的に「10.0.0.1」を設定しています。

この「IPアドレス」であることは明確ですが、関数を使って取得することもできます。

関数を使って取得するには、**「softAPIP関数」**を使います。

```
String myIP = WiFi.softAPIP().toString();
```

■「接続先のURL」を「QRコード」で画面に表示する

さて、このように「M5Stack」が「無線のアクセスポイント」となる場合、「接続先のURL」など、アクセスしてほしい場所を、「QRコード」で表示できると便利です。

実は、**リスト6-8**では、そのURLを「QRコード」として表示するようにしています。

「QRコード」を表示するには、**「M5.Lcd.qrcode関数」**を実行します。

実際の「M5Stack」上の表示は、**図6-20**のようになります。

```
// QRコードとして表示
M5.Lcd.qrcode("http://" + myIP, 80, 40, 160);
```

ここでは、URLを「QRコード」にしましたが、「メール・アドレス」や「簡単なテキスト」など、文字列として構成できるものなら何でも「QRコード化」できます。

図6-20 「リスト6-8」の実行結果

*

ここでは、「アクセスポイント」して構成する実例を、これ以上は説明しません。

いままで作ってきたすべてのサンプルは、「WiFi.begin関数でアクセスポイントに接続してきた処理」を、ここで示したように「softAP関数」や「softApConfig関数」の呼び出しに置き換えるだけで、同じように、「アクセスポイントとして動かす」ことができます。

「BLE」を使ってみよう

「M5Stack」では、「BLE」を使うこともできます。

「BLE対応のセンサ」から情報を取得するほか、「BLE対応のスマホ」などから、「M5Stack」を操作することもできます。

7-1 「BLE」の基本

「BLE」(Bluetooth Low Energy)とは、「Bluetoothの“低消費電力”による通信モード」のことです。

まずは、「BLE」を使うにあたって必要な基礎知識を、簡単に説明します。

■「セントラル」と「ペリフェラル」

「BLE」は、1対多で通信します。

片方が「命令を出す側」として機能し、もう片方が「命令を受け取る側」として機能します。

前者を**「セントラル」**(Central)、後者を**「ペリフェラル」**(Peripheral)と呼びます。

一般に「セントラル」は、「スマホ」や「BLE対応のパソコン」です。

そして、「BLEデバイス」(たとえば、「BLEセンサ」「BLEキーボード」「BLEマウス」など)が、「ペリフェラル」です。

*

「M5Stack」はプログラム次第で、「セントラル」としても「ペリフェラル」としても、使えます。

「M5StackからBLEデバイスに接続して、『データの取得』『設定』『操作』をしたい」という使い方の場合は、「セントラル」として動作させます。

「スマホやBLE対応パソコンから、M5Stackのデータを『取得』『設定』『操作』をしたい」といった使い方の場合は、「ペリフェラル」として動作させます(図7-1)。

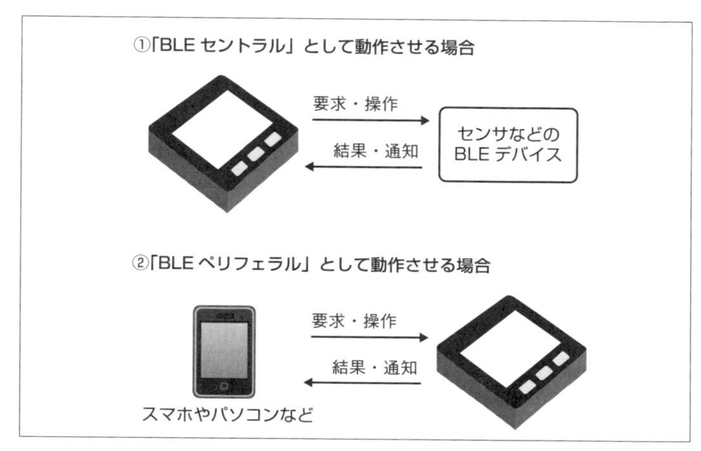

図7-1 「セントラル」と「ペリフェラル」

■「サービス」と「キャラクタリスティック」

BLEペリフェラルは、「操作される側」です。

その内部には、「サービス」(Service)と「キャラクタリスティック」(Characteristic)という領域があります(図7-2)。

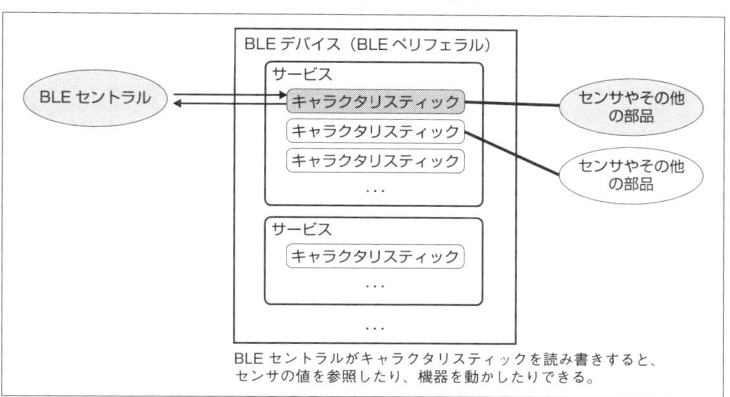

図7-2 「サービス」と「キャラクタリスティック」

● サービス

「サービス」は、ペリフェラルに含まれる機能の分類(枠組み)を示すものです。

たとえば、「温度計」「照明」「スピーカー」「入力デバイス」などです。

1つのペリフェラルに、複数のサービスが含まれていることもあります。

● キャラクタリスティック

「キャラクタリスティック」は、ペリフェラル内のセンサなどの各種デバイスと連動した、「値を読み書きできる領域」です。

たとえば、「BLE温度センサ」であれば、キャラクタリスティックは、「温度値」とマッピングされています。

つまり、セントラル側から「あるキャラクタリスティックの値を読み込む」という操作をすると、「温度の値」が分かります。

*

書き込むと、何かの動作をするキャラクタリスティックもあります。

たとえば、「BLE対応の照明」であれば、「あるキャラクタリスティックに、定められた値を書き込むと、電気が点いたり消えたりする」という動作をします。

● UUID

「サービス」や「キャラクタリスティック」には、「**UUID**」(Universally Unique IDentifier)と呼ばれる、固有の番号が割り当てられています。

「UUID」は128ビットの値で、「他のものと重複しないように計算された値」のことです。

次のような書式の「16進数文字列」で、表記されます。

> **Memo**
> 16進数の「小文字」「大文字」の区別はされません。

```
F000AA42-0451-4000-B000-000000000000
```

*

「UUID」には、「用途ごとに定められたもの」と「メーカーが独自に定義したもの」の2種類があります。

①用途ごとに定められたもの

Bluetooth SIGという団体が標準化したもので、「GATT Specifications」としてまとめられています。

【GATT Specifications】
https://www.bluetooth.com/specifications/gatt/characteristics

たとえば、「温度を示すキャラクタリスティックのUUIDは、この値」と決まっているため、プログラムからは、その製品が何であれ、「該当のUUIDのキャラクタリスティック」を読み込みさえすれば、「温度」を取得できます。

②メーカーが独自に定義したもの

①以外は、「メーカー独自のUUID」です。

製品種類やメーカーによって値が違います。

どのような値が、どのような意味をもっているのかは、デバイスの仕様書(データシート)などで確認します。

■「BLE」で理解すること

以下、ソースを提示しながら説明をしていきますが、これまでの説明から分かるように、「キャラクタリスティックの読み書き」が、「BLEデバイス制御」の本質です。

「BLEセントラル」として構成するのか、「BLEペリフェラル」として構成するのかによって違いますが、基本的な流れは、次の通りです。

【BLEセントラルとして構成する場合】

①「BLEペリフェラル」を探す

「利用したいBLEペリフェラル」を、周囲からスキャンします。

「BLEペリフェラル」は、「**アドバタイズ**」(advertise)という機能を使って、自身の情報を定期的に発信しているので、その情報を探します。

見つかったものが、「操作したいBLEペリフェラル」かどうかは、BLEペリフェラルがもつ「UUID」や「名称」から判断します。

②「サービス」と「キャラクタリスティック」を探す

①のデバイスから、「サービス」を探します。

そして、そのサービスに含まれている「キャラクタリスティック」を探します。

「サービス」や「キャラクタリスティック」にもUUIDが割り当てられているため、UUIDを指定すれば、それを特定できます。

③「キャラクタリスティック」を読み書きする

②の「キャラクタリスティック」を読み書きします。

Memo

「NOTIFY」(通知)という機能を使って、「値が変化したときに、その変化を即時に受け取りたい」というときには、さらに、「NOTIFY用のコールバック関数」を構成します。

【「BLEペリフェラル」として構成する場合】

①「BLEサーバ機能」を構成する

接続・切断を受けたり、アドバタイジングしたりするための機能をもつ、「BLEサーバ機能」を構成します。

②「サービス」と「キャラクタリスティック」を用意する

①の中に、「サービス」と「キャラクタリスティック」を用意します。

言い換えると、これら用のUUIDを生成し、「読み込まれたときはどのような値を返すか」「書き込まれたときは、どのような振る舞いをするか」というコードを定義します。

③アドバタイジング

すべての準備が出来たら、①のBLEサーバ機能を使って、アドバタイジングします。

そうすることで、「このBLEペリフェラルの情報」が公開されます。

スマホなどでは一覧表示の中に表示されるようになり、接続して利用できるようになります。

■「BLEに対応するライブラリ」を準備する

BLEを利用するには、ライブラリが必要です。
ここでは、「ESP32_BLE_Arduino」というライブラリを使います。

GitHubからZIP形式でダウンロードし、Arduino IDEの[スケッチ]メニューから[ライブラリをインクルード]→[.ZIP形式のライブラリをインストール]でインストールしてください(図7-3)。

【ESP32_BLE_Arduino】
https://github.com/nkolban/ESP32_BLE_Arduino

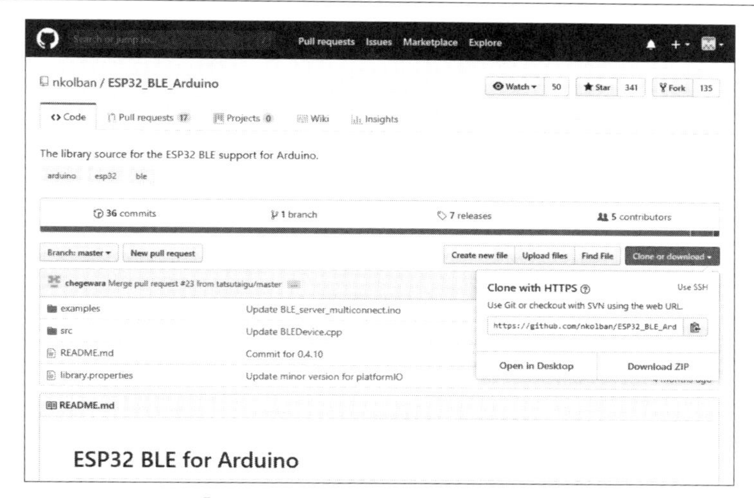

図7-3 「ESP32_BLE_Arduino」をダウンロードする

7-2 「BLEセンサ」を使ってみる

それでは、実際に「BLE」を使ってみましょう。
まずは、「BLEセントラル」として動作させる方法から説明します。

■BLEセンサ

ここでは、市販されている「BLEセンサ」を使って、「温度」や「気圧」を画面に表示するプログラムを作ってみます。

本書で使うのは、テキサスインスツルメンツ社(TI)の「SensorTag(CC2650)」というセンサです。

RSコンポーネンツ(https://jp.rs-online.com/web/)などのWebサイトから購入できます

【SimpleLink SensorTagの紹介ページ】
http://www.tij.co.jp/tool/jp/cc2650stk

「SensorTag」は、次に示すセンサを内蔵した「BLEペリフェラル」です。

- **温度・湿度センサ(HDC1000)**
- **気圧センサ(BMP280)**
- **モーションセンサ(MPU9250)**
- **照度センサ(OPT3001)**
- **スイッチ(左、右、磁気スイッチ)**

Memo

「BMP280」は、本書の**第5章**で説明した「Groveセンサ」に搭載されているものと同じものです。
また、「MPU9250」はM5Stackの「GRAYモデル」の3軸センサと同じものです。

Memo

古いロットでは「非接触型温度センサ(TMP007)」も搭載されていたのですが、2017年1月以降は、搭載されなくなりました。

マッチ箱大のサイズで、「コイン型電池」で動作します。

「計測時にだけセンサによる計測を有効にする」とか、「計測間隔を長めにとる」など、省電力を意識したプログラムを作れば、電池は1年ほどもちます。

赤い「ラバー・キャップ」が付けられていて、ドアなどに引っかけて使うなど、生活の中で実用的なデザインなのもポイントです(図7-4、図7-5)。

図7-4 SensorTag(CC2650)外形

図7-5 「SensorTag」(CC2650)のカバーを取ったところ

■ UUIDを調べる

「BLEペリフェラル」を使うには、「どのようなサービスがあるのか」「どのUUIDをもつキャラクタリスティックが、どのような意味をもっているのか」…という仕様を把握しなければなりません。

今回利用する「SensorTag」の仕様は、下記で確認できます。

【CC2650 SensorTag User's Guide】
http://processors.wiki.ti.com/index.php/CC2650_SensorTag_User%27s_Guide

詳しくは、上記の仕様を参照していただきたいのですが、基本的な挙動を、下記に簡潔にまとめます。

①SensorTagが返す「名前」(または「UUID」)

このSensorTagを使うには、スキャンして見つけなければなりません。

しかし、ただスキャンをすると、周囲のすべての「BLEペリフェラル」が見つかります。

そこで、その中から、「SensorTagである」と判断するために、「UUID」または「名前」を使います。

仕様書によると、**「CC2650 SensorTag」**という名前が返されるとのことなので、本書では、この名前で判定することにします。

Memo

実際に調査すると分かりますが、SensorTagをスキャンしたときの「UUID」は「0000aa80-0000-1000-8000-00805f9b34fb」です。

そのため、「名前」ではなくて、この「UUID」と合致するかで確認しても同じです。

②サービスやキャラクタリスティックの「UUID」

「サービス」や「キャラクタリスティック」には、次の書式の「UUID」が割り当てられています。

```
F000XXXX-0451-4000-B000-000000000000
```

「XXXX」は、センサごとに違う値で、**表7-1**に示す通りです。

※なお、表中の「READ」「WRITE」「NOTIFICATION」は、それぞれ、「読み取り」「書き込み」「通知」の操作ができるかどうかを示したものです。

表7-1 センサごとのサービスやキャラクタリスティックの「UUID」

アドレス	READ	WRITE	NOTFICATION	説明
サービスID AA20)温度・湿度センサ(HDC1000)				
AA21	○	×	○	「温度」ならびに「湿度」
AA22	○	○	×	有効かどうかのフラグ。「1」で有効、「0」で無効
AA23	○	○	×	計測間隔。10ms単位。デフォルトは「1秒」(設定値は「0x64」)。100ms以下にはできない。
サービスID AA40)温度・気圧センサ(BMP280)				
AA41	○	×	○	「温度」ならびに「気圧」
AA42	○	○	×	有効かどうかのフラグ。「1」で有効、「0」で無効
AAA4	○	○	×	計測間隔。10ms単位。デフォルトは「1秒」(設定値は「0x64」)。100ms以下にはできない。
サービスID AA80)モーションセンサ(MPU9250)				
AA81	○	×	○	それぞれの軸に対する「加速度」
AA82	○	○	×	各軸に対応するセンサを「有効」にするかどうかのフラグ
AA83	○	○	×	計測間隔。10ms単位。デフォルトは「1秒」(設定値は「0x64」)。100ms以下にはできない。
サービスID AA70)照度センサ(OPT3001)				
AA71	○	×	○	照度
AA72	○	○	×	有効かどうかのフラグ。「1」で有効、「0」で無効
AA73	○	○	×	計測間隔。10ms単位。デフォルトは「0.8秒」(設定値は「0x50」)。100ms以下にはできない。
サービスID FFE0)スイッチ				
FFE1	○	×	○	スイッチの状態。 「ビット0=左」「ビット1=右」 「ビット2=磁気スイッチ」

■ センサの操作方法を確認する

表7-1に示したように、それぞれのセンサは、「3つのキャラクタリスティック」で構成されています。

基本的な操作は、「センサをオン」にしてしばらく待ったあと、「センサからの値を読み込む」という流れです。

すぐあとに、実際のソースコードと照らし合わせながら説明しますが、たとえば、「温度・気圧センサ(BMP280)」から値を読み取る場合の流れは、次の通りです。

Memo

「電池のもち」を気にしない場合や、続けてすぐに何度も読み取る場合は、センサの電源をいちいち「オフ」にする必要はなく、下記の[4]の操作は省略できます。

[1]「F000AA42-0451-4000-B000-000000000000」に「1」を書き込む(センサの電源が入る)
[2] しばらく待つ
[3]「F000AA41-0451-4000-B000-000000000000」から値を読み取る(センサの値を取得する)
[4]「F000AA42-0451-4000-B000-000000000000」に「0」を書き込む(センサの電源が切れる)

■ BLEセンサから「温度」と「気圧」を読み取る例

実際に、このSensorTagを使って、「温度」と「気圧」を読み込み、液晶画面中央に表示する例を、**リスト7-1**に示します(**図7-6**)。

リスト7-1 SensorTagから「温度」と「気圧」を読み込む例

```
#define LOAD_FONT2
#include <M5Stack.h>
#include <BLEDevice.h>

// SensorTagの識別子
const std::string SERVER_NAME = "CC2650 SensorTag";
```

```
// キャラクタリスティックを操作するときのUUID群(温度・気圧)
const BLEUUID SERVICE_UUID("F000AA40-0451-4000-b000-000000000000");
const BLEUUID WRITE_UUID("F000AA42-0451-4000-b000-000000000000");
const BLEUUID READ_UUID("F000AA41-0451-4000-b000-000000000000");

BLEAddress *pServerAddress;
BLERemoteCharacteristic *cWrite;
BLERemoteCharacteristic *cRead;
bool isConnected = false;

// BLEデバイスに接続してキャラクタリスティックを得る
bool getCharacteristic(BLEAddress pAddress) {
    // BLEデバイスに接続する
    BLEClient *pClient = BLEDevice::createClient();
    pClient->connect(pAddress);

    // サービスに接続
    BLERemoteService *pRemoteService =
      pClient->getService(SERVICE_UUID);
    if (pRemoteService == NULL) {
      return false;
    }

    // キャラクタリスティックを取得
    cWrite = pRemoteService->getCharacteristic(WRITE_UUID);
    cRead = pRemoteService->getCharacteristic(READ_UUID);

    if ((cWrite == NULL) || (cRead == NULL)) {
      cWrite = cRead = NULL;
      return false;
    }
}

// BLEスキャンするときのコールバック関数
class cbAdvertised: public BLEAdvertisedDeviceCallbacks {
  void onResult(BLEAdvertisedDevice device) {
    // 対象のデバイスかどうか
// *** デバッグ用のコード。これで「シリアルモニタ」に、UUIDと名前が表示されます
//     if (device.haveServiceUUID()) {
//       Serial.println(device.getServiceUUID().toString().c_str());
//     }
//     if (device.haveName()) {
//       Serial.println(device.getName().c_str());
```

```
//     }
    if (device.haveName() && (device.getName() == SERVER_NAME)) {
      // 見つかった
      M5.Lcd.print("BLE connected");

      pServerAddress = new BLEAddress(device.getAddress());
      isConnected = true;

      // スキャンを停止
      device.getScan()->stop();
    }
  }
};

void setup() {
  // M5Stackの初期化
  M5.begin();

  // BLE初期化
  BLEDevice::init("m5-stack-example");

  // BLEスキャンの開始
  M5.Lcd.println("BLE scanning...");
  BLEScan *pBLEScan = BLEDevice::getScan();
  pBLEScan->setAdvertisedDeviceCallbacks(new cbAdvertised());
  pBLEScan->setActiveScan(true);
  pBLEScan->start(30); // タイムアウト30秒
}

void loop() {
  if (isConnected) {
    // 操作するためのキャラクタリスティックを得る
    if (getCharacteristic(*pServerAddress)) {
      if (cWrite && cRead) {
        // センサをオン
        cWrite->writeValue("¥x01", 1);
        delay(1000);

        // センサの値を取得
        std::string value = cRead->readValue();

        // センサをオフ
        cWrite->writeValue("¥x00", 1);
```

```
        // 温度と気圧を計算
        float temp = (value[0] + value[1] * 256 +
          value[2] * 256 * 256) / 100.0;
        float hPa = (value[3] + value[4] * 256 +
          value[5] * 256 * 256) / 100.0;

        // 画面表示
        char msg[256];
        sprintf(msg, "%2.2f C %.2f hPa", temp, hPa);
        M5.Lcd.drawCentreString(msg, 160, 120, 2);
      }
    } else {
      isConnected = false;
    }
  }
  delay(1000);
}
```

図7-6 「リスト7-1」の実行結果

---

[1]「BLE」の初期化

BLEを利用するには、「**BLEDevice.h**」をインクルードします。

```
#include <BLEDevice.h>
```

初期化するため、「**BLEDevice::init関数**」を呼び出します。

引数に指定するのは、「自分の名前」として、他のデバイスから見える名前であり、どのような値でもかまいません。

ここでは、「m5-stack-example」としました。

```
BLEDevice::init("m5-stack-example");
```

[2]スキャンして「BLEデバイス」を見つける

「周辺のBLEデバイス」をスキャンします。

スキャンの際には、「コールバック関数」を設定します。

「start関数」を呼び出すと、スキャンがはじまります。

引数に指定するのは、「スキャン時間(秒)」です。

```
BLEScan *pBLEScan = BLEDevice::getScan();
pBLEScan->setAdvertisedDeviceCallbacks(new cbAdvertised());
pBLEScan->setActiveScan(true);
pBLEScan->start(30); // タイムアウト30秒
```

すると、BLEデバイスが見つかるたびに、「コールバック関数」が呼び出されます。

「コールバック関数」では、「見つかったBLEデバイス」の「UUID」や「名前」を調べて、目的のデバイスかどうかを確認します。

このプログラム例では、名前が「CC2650 SensorTag」かどうかで判定しています。

見つかったときは、「stop関数」を呼び出して、スキャンを停止します。

```
class cbAdvertised: public BLEAdvertisedDeviceCallbacks {
  void onResult(BLEAdvertisedDevice device) {
    // 対象のデバイスかどうか
    if (device.haveName() && (device.getName() == SERVER_NAME)) {
      // 見つかった
      M5.Lcd.print("BLE connected");

      pServerAddress = new BLEAddress(device.getAddress());
      isConnected = true;

      // スキャンを停止
      device.getScan()->stop();
    }
  }
};
```

[3]「サービス」を見つける

[2]の時点で「目的のBLEデバイス」に関する情報が、「pServerAddress変数」に設定されています。

この変数を通じて、キャラクタリスティックまで辿り、その値を読み書きします。

その処理は、「getCharacteristic関数」に記述しています。

[3-1]「BLEデバイス」に接続する

まずは、[2]のBLEデバイスに接続して、「BLEClientオブジェクト」を得て、そこに接続します。

```
BLEClient *pClient = BLEDevice::createClient();
pClient->connect(pAddress);
```

[3-2]「サービス」に接続する

[3-1]のBLEClientオブジェクトを介して、「サービス」に接続します。

「サービスのUUID」を指定する必要があります。

```
const BLEUUID SERVICE_UUID("F000AA40-0451-4000-b000-000000000000");
BLERemoteService *pRemoteService = pClient->getService(SERVICE_UUID);
```

[3-3]「キャラクタリスティック」を操作する

[3-2]のサービスを介して、「キャラクタリスティック」を取得します。

```
const BLEUUID WRITE_UUID("F000AA42-0451-4000-b000-000000000000");
const BLEUUID READ_UUID("F000AA41-0451-4000-b000-000000000000");
cWrite = pRemoteService->getCharacteristic(WRITE_UUID);
cRead = pRemoteService->getCharacteristic(READ_UUID);
```

このキャラクタリスティックを読み書きして、「BLEデバイス」を制御します。

キャラクタリスティックの読み書きには、「writeValue関数」や「readValue関数」を使います。

すでに説明したように、今回利用しているSensorTagでは、

[1]「F000AA42-0451-4000-B000-000000000000」に「1」を書き込む
(センサの電源が入る)
[2] しばらく待つ
[3]「F000AA41-0451-4000-B000-000000000000」から値を読み取る
(センサの値を取得する)
[4]「F000AA42-0451-4000-B000-000000000000」に「0」を書き込む
(センサの電源が切れる)

という操作をするので、次のようにしています。

```
cWrite->writeValue("¥x01", 1);
delay(1000);
std::string value = cRead->readValue();
cWrite->writeValue("¥x00", 1);
```

*

仕様書を見ると分かりますが、「温度」と「湿度」は、次の計算式で求められます。

先頭の3バイトが「温度」で、次の3バイトが「湿度」です。

それぞれ、逆に並べれば、「温度」や「湿度」のデータになります。

以下の例の通りです。

温度　3c 09 00 →逆にする→00093c→10進数にする→2364→23.64℃
気圧　3f 8f 01→逆にする→018f3f→10進数にする→102207→1022.07hPa

そこで、次の計算式で求めています。

```
float temp = (value[0] + value[1] * 256 +
    value[2] * 256 * 256) / 100.0;
float hPa = (value[3] + value[4] * 256 +
    value[5] * 256 * 256) / 100.0;
```

7-3 スマホからBLEで操作する

次に、「BLEペリフェラル」として機能するプログラムを作ってみましょう。

■キャラクタリスティックの読み書きで、M5Stackを操作する

ここでは、「スマホからM5Stackを操作できるようなプログラム」を作ります。

次の2種類の、計4つの「キャラクタリスティック」を備えることにします。

①「液晶の背景色を変更するキャラクタリスティック」を1つ

「#rrggbb」の形式(たとえば「#ff00ff」など)の値を書き込むと、「M5Stackの液晶の背景色」が、その色に変わるようにします。

②「9軸センサの値を返すキャラクタリスティック」を「X軸」「Y軸」「Z軸」の各1つ(計3つ)

GRAYモデルの9軸センサである「X軸」「Y軸」「Z軸」の値を取得し、それぞれの値を、キャラクタリスティックを通じて参照できるようにします。

● UUIDの作成

こうした「BLEペリフェラル自身」、そして、「サービス」や「キャラクタリスティック」には、「UUID」が必要です。

UUIDを作るには、ツールを使う方法やWebサービスを使う方法などがあります。
ここでは、次のサイトで作ってみましょう。

【Online UUID Generator】
https://www.uuidgenerator.net/

アクセスすると、そのたびに「UUID」が、画面に表示されます。
リロードすれば、また「新たなUUID」が表示されます。

このUUIDは、ある計算式を使って唯一無二の値を生成する機構なので、他のユーザーと重複する可能性は皆無です(図7-7)。

Memo

UUIDは、「RFC4122」で定義されています。
「時刻」や「MACアドレス」などを基に計算する「バージョン1」や、ランダムに生成する「バージョン4」など、全部で5種類の計算方法があります。

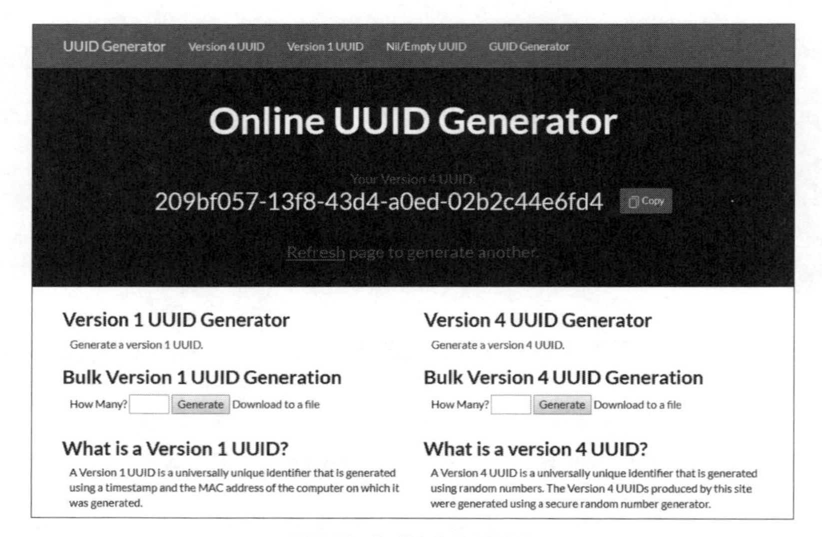

図7-7　生成されたUUID

● サービスやキャラクタリスティックに設定するUUID

BLEの「サービス」や「キャラクタリスティック」に設定するUUIDは、こうして作ったUUIDを基に、次のようにして「連番」を割り当てるといいでしょう。

[1] サービスのUUID

生成された値を割り当てます。

たとえば、図7-7の場合は、画面に表示されている値そのものである、次の値を採用します。

```
209bf057-13f8-43d4-a0ed-02b2c44e6fd4
```

[2]キャラクタリスティックのUUID

[1]の最初の「-」より前の値を、ひとつずつ増やした値を割り当てます。

今回の例では、「液晶の背景色を設定する」「X軸の値を返す」「Y軸の値を返す」「Z軸の値を返す」という4つの「キャラクタリスティック」が必要なので、次の値を採用します。

液晶の色	209bf058-13f8-43d4-a0ed-02b2c44e6fd4
X軸	209bf059-13f8-43d4-a0ed-02b2c44e6fd4
Y軸	209bf05A-13f8-43d4-a0ed-02b2c44e6fd4
Z軸	209bf05B-13f8-43d4-a0ed-02b2c44e6fd4

■BLEペリフェラルとして機能させる例

実際に、「BLEペリフェラルとして機能するプログラム」を作ったものが、リスト7-2です。

リスト7-2　BLEペリフェラルとして機能させる例

```
#define LOAD_FONT4
#include <M5Stack.h>
#include <BLEDevice.h>
#include <BLEServer.h>
#include "utility/MPU9250.h"

// 「00」～「ff」を数値に変換する関数
int convertRGB(String s) {
  ・・・掲載略(第6章のリスト6-7と同じ)・・・
}

// MPU9250オブジェクトを作る
MPU9250 IMU;

// 提供するサービスIDとキャラクタリスティックID
// www.uuidgenerator.netなどで作る
const char *SERVICE_UUID = "209bf057-13f8-43d4-a0ed-02b2c44e6fd4";
const char *CHAR_UUIDs[] = {
  "209bf058-13f8-43d4-a0ed-02b2c44e6fd4",
  "209bf059-13f8-43d4-a0ed-02b2c44e6fd4",
  "209bf05A-13f8-43d4-a0ed-02b2c44e6fd4",
  "209bf05B-13f8-43d4-a0ed-02b2c44e6fd4",
};
```

```
BLEServer *pServer;
BLECharacteristic *pCharacteristic[4];
bool isConnected = false;

// サーバーのコールバック関数
class cbServer: public BLEServerCallbacks {
    void onConnect(BLEServer *pServer) {
      M5.Lcd.drawCentreString(" BLE connected  ", 160, 120, 4);
      isConnected = true;
    };

    void onDisconnect(BLEServer *pServer) {
      M5.Lcd.drawCentreString("BLE disconnected", 160, 120, 4);
      isConnected = false;
    }
};

// キャラクタリスティックのコールバック

// 1. 液晶の背景色の設定
class cbRGB: public BLECharacteristicCallbacks {
  void onWrite(BLECharacteristic *pCharacteristic) {
    M5.Lcd.println("write");
    std::string value = pCharacteristic->getValue();
    String colorval = String(value.c_str());
    // 色を設定する
    int r, g, b;
    colorval.toLowerCase();
    if (colorval.charAt(0) != '#') {
      r = g = b = 0;
      M5.Lcd.fillScreen(0);
    } else {
      colorval.toLowerCase();
      r = convertRGB(colorval.substring(1, 3));
      g = convertRGB(colorval.substring(3, 5));
      b = convertRGB(colorval.substring(5, 7));

      int rgb565 = ((r>>3)<<11) | ((g>>2)<<5) | (b>>3);
      M5.Lcd.fillScreen(rgb565);
    }
  }
};
```

```
// 2. 9軸センサの読み込み
class cbIMU: public BLECharacteristicCallbacks {
  void onRead(BLECharacteristic *pCharacteristic) {
    M5.Lcd.println("read");
  }
};

void setup() {
  // M5Stackの初期化
  M5.begin();
  // I2Cの初期化
  Wire.begin();
  // MPU9250の初期化
  IMU.initMPU9250();

  // BLE初期化
  BLEDevice::init("m5-stack-example");

  // 1. サーバーの作成
  BLEServer *pServer = BLEDevice::createServer();
  // コールバック関数の設定
  pServer->setCallbacks(new cbServer());

  // 2. サービスの作成
  BLEService *pService = pServer->createService(SERVICE_UUID);

  // 3. キャラクタリスティックの作成

  // (1)液晶の背景色設定用
  pCharacteristic[0] = pService->createCharacteristic(
    CHAR_UUIDs[0],
    BLECharacteristic::PROPERTY_WRITE
  );
  pCharacteristic[0]->setCallbacks(new cbRGB());

  // (2)9軸センサ用
  cbIMU *cbimu = new cbIMU();
  for (int i = 0; i < 3; i++) {
    pCharacteristic[i + 1] = pService->createCharacteristic(
      CHAR_UUIDs[i + 1],
      BLECharacteristic::PROPERTY_READ
        | BLECharacteristic::PROPERTY_NOTIFY
    );
    pCharacteristic[i + 1]->setCallbacks(cbimu);
```

```
  }

  // サービスとアドバタイジングの開始
  pService->start();
  BLEAdvertising *pAdvertising = pServer->getAdvertising();
  pAdvertising->start();
}

void loop() {
  if (isConnected) {
    // 9軸センサの値を取得
    if (IMU.readByte(MPU9250_ADDRESS, INT_STATUS) & 0x01) {
      // 加速度を取得する
      // X、Y、Zの値を得る
      IMU.readAccelData(IMU.accelCount);
      // aResの値を得る
      IMU.getAres();
      // X、Y、Zの値をBLEでNotify
      for (int i = 0; i < 3; i++) {
        float val = IMU.accelCount[i] * IMU.aRes;
        pCharacteristic[i + 1]->setValue(val);
        pCharacteristic[i + 1]->notify();
      }
    }
  }
  delay(1000);
  M5.update();
}
```

[1] BLEの初期化

BLEの初期化は、「BLEセントラルとして動かすとき」と同じです。

ここでは、「**m5-stack-example**」という名前で初期化しました。

```
BLEDevice::init("m5-stack-example");
```

[2] サーバ機能の「コールバック関数」を作る

サーバ機能の「コールバック関数」を作ります。

この関数は、「BLEセントラル」から接続されたり、切断されたりするときに呼び出されます。

```
// 1. サーバーの作成
BLEServer *pServer = BLEDevice::createServer();
pServer->setCallbacks(new cbServer());
```

[3]「サービス」の作成

以下のようにして「サービス」を作ります。

```
const char *SERVICE_UUID = "209bf057-13f8-43d4-a0ed-02b2c44e6fd4";
BLEService *pService = pServer->createService(SERVICE_UUID);
```

[4]「キャラクタリスティック」を作る

[3]のサービスの配下に、「キャラクタリスティック」を作ります。

リストの冒頭では、「キャラクタリスティックのUUID一覧」を、次のように定義しています。

これらを使ったキャラクタリスティックを、それぞれ作ります。

```
const char *CHAR_UUIDs[] = {
  "209bf058-13f8-43d4-a0ed-02b2c44e6fd4",
  "209bf059-13f8-43d4-a0ed-02b2c44e6fd4",
  "209bf05A-13f8-43d4-a0ed-02b2c44e6fd4",
  "209bf05B-13f8-43d4-a0ed-02b2c44e6fd4",
};
```

[4-1]液晶の背景色を設定するキャラクタリスティック

「液晶の背景色を設定するキャラクタリスティック」は、次のようにして作ります。

```
pCharacteristic[0] = pService->createCharacteristic(
  CHAR_UUIDs[0],
  BLECharacteristic::PROPERTY_WRITE
);
```

第1引数は「UUID」で、**第2引数**は「読み書きなど、どのような操作に対応するかの組み合わせ」です(**表7-2**)。

液晶の色は、スマホなどから「書き込んでもらう」ことで、「M5Stackの液晶色」を変更する目的で使います。

そのため、「書き込み」の意味である「PROPERTY_WRITE」を指定しています。

Memo

これらの設定は「|」演算子で結合可能です。
すべてを「|」でつないで書けば、すべての操作に対応できます。

表7-2 キャラクタリスティックの対応する操作

設定値	意　味
PROPERTY_READ	読み込み
PROPERTY_WRITE	書き込み
PROPERTY_NOTIFY	通知(相手の確認なし)
PROPERTY_INDICATE	通知(相手の確認あり)

*

キャラクタリスティックには、「コールバック関数」を設定します。

```
pCharacteristic[0]->setCallbacks(new cbRGB());
```

「コールバック関数」は、「このキャラクタリスティックに読み書きがあったとき」に呼び出されます。

書き込まれたときは「**onWrite関数**」が呼び出されるので、その部分に、値が書き込まれたときの処理を書いておきます。

また、書き込まれた値は「**getValue関数**」で取得できます。

ここでは、設定された「#rrggbb」の書式のテキストを読み込み、その色で液晶全体を塗りつぶす処理をしています。

```
class cbRGB: public BLECharacteristicCallbacks {
  void onWrite(BLECharacteristic *pCharacteristic) {
    M5.Lcd.println("write");
    std::string value = pCharacteristic->getValue();
    String colorval = String(value.c_str());
    // 色を設定する
・・・略・・・
  }
};
```

[4-2] 3軸センサの値を返すキャラクタリスティック

「9軸センサの値を返すキャラクタリスティック」も、同様に設定します。

ここでは、「PROPERTY_READ」のほか「PROPERTY_NOTIFY」を付けました。

```
cbIMU *cbimu = new cbIMU();
for (int i = 0; i < 3; i++) {
  pCharacteristic[i + 1] = pService->createCharacteristic(
    CHAR_UUIDs[i + 1],
    BLECharacteristic::PROPERTY_READ
      | BLECharacteristic::PROPERTY_NOTIFY
  );
  pCharacteristic[i + 1]->setCallbacks(cbimu);
}
```

すぐあとに説明しますが、「PROPERTY_NOTIFY」を指定することで、「notify関数」を呼び出した際に「値が変更されたこと」を、即座に通知できます。

読み出しが発生すれば、「コールバック関数」の「**onRead関数**」が実行されます。

```
// 2. 9軸センサの読み込み
class cbIMU: public BLECharacteristicCallbacks {
  void onRead(BLECharacteristic *pCharacteristic) {
    M5.Lcd.println("read");
  }
};
```

ここで「**writeValue関数**」を使って値を設定すれば、その値が返されますが、ここではその処理をしていません。

これは、「writeValue関数」を使った値の設定を、「loop関数」の中で処理しているからです。

[5] 通知の処理

リスト7-2では、Arduinoのloop関数内において、定期的に9軸センサの値を読み取り、それを「BLEの通知」として送信する処理をしています。

キャラクタリスティックに値を書き込むには、「setValue関数」を使います。

そして、「notify関数」を使えば、その変更通知が「BLEセントラル」に送信されます。

```
if (IMU.readByte(MPU9250_ADDRESS, INT_STATUS) & 0x01) {
  // 加速度を取得する
  // X、Y、Zの値を得る
  IMU.readAccelData(IMU.accelCount);
  // aResの値を得る
  IMU.getAres();
  // X、Y、Zの値をBLEでNotify
  for (int i = 0; i < 3; i++) {
    float val = IMU.accelCount[i] * IMU.aRes;
    pCharacteristic[i + 1]->setValue(val);
    pCharacteristic[i + 1]->notify();
  }
}
```

[6]アドバタイジングする

ここまでで下準備が完了です。

次に、「アドバタイジング」を開始し、「BLEセントラル」からスキャンしたときに見つけられるようにします。

```
pService->start();
BLEAdvertising *pAdvertising = pServer->getAdvertising();
pAdvertising->start();
```

これで、スマホから「このBLEデバイス」を見つけることができるようになります。

接続や切断の操作がされたときは、先に説明したように、「コールバック関数」として用意した、「onConnect関数」「onDisconnect関数」が、それぞれ呼び出されます。

■スマホから操作する

M5Stack側のプログラムは、以上です。

実際に、このBLEペリフェラルが機能することを確認しましょう。

それには、「キャラクタリスティックを読み書きするソフト」――つまり、「**7-2　BLEセンサを使ってみる**」で作ったような、「BLEセントラルとして動作するような何かしらのサンプル・プログラム」――が必要です。

そのようなプログラムを、自分で作ってもいいのですが、それは大変なことです。

そこで、ここではちょっとしたスマホのツールを使って、動作確認してみます。

● BLE Scanner

どのようなツールを使ってもいいのですが、ここでは、Androidスマホ向けの「**BLE Scanner**」というソフトを使います。

このソフトは、「Google Play」から、無償で入手できます(図7-8)。

> **Memo**
>
> 「BLE Scanner」は一例にすぎません。
>
> 「キャラクタリスティックを読み書きできるアプリ」なら、どのようなものでも動作確認の際に、利用できるはずです。

図7-8　BLE Scanner

●「サービス」と「キャラクタリスティック」を確認する

「**リスト7-2**のプログラムを書き込んだ、M5Stack」の電源を入れてください。

そして、「BLE Scanner」で周囲のデバイスを確認すると、「**m5-stack-example**」という「BLEデバイス」が見つかるはずです(**図7-9**)。

これは、「init関数の引数に指定した文字列」と合致します。

[**Connect**]をクリックすると接続できます。

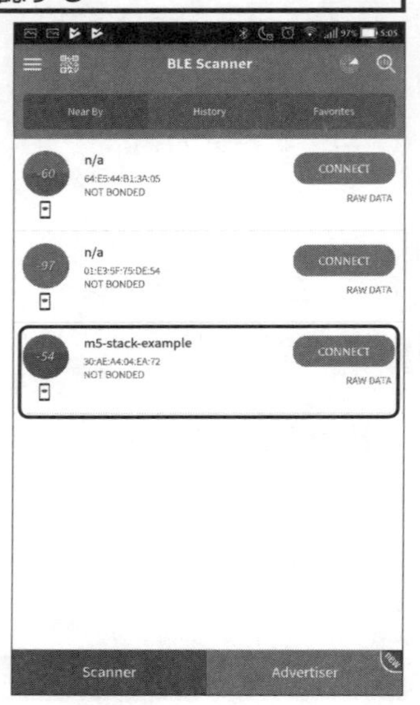

図7-9　見つかった「M5Stack」

接続すると、「サービス」と「キャラクタリスティック」が見つかるはずです(**図7-10**)。

このUUIDの値は、プログラムで定義したものと合致します。

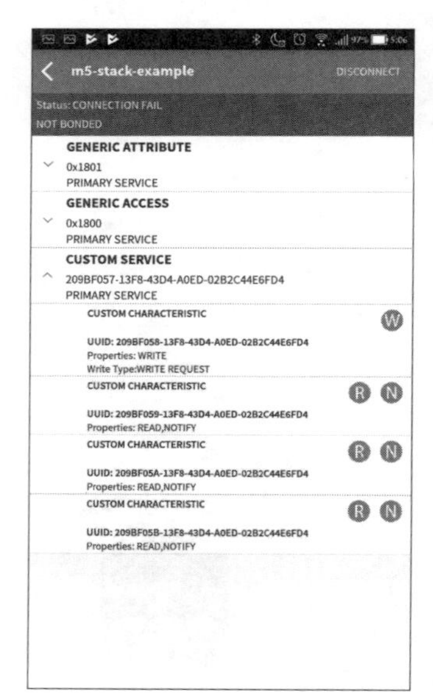

図7-10　「サービス」と「キャラクタリスティック」が見つかった

Column 「BLE Scanner」で「BLEデバイス」をハックする

「BLE Scanner」を使うと、近隣のBLEデバイスが、どのような「サービス」や「キャラクタリスティック」をもつか確認できます。

巷には、「BLEの体重計」「BLEのコーヒーメーカー」「BLEのスマートウォッチ」「BLEの照明」など、さまざまな「BLEデバイス」があります。

それらの仕様は公開されているとは限りませんが、「BLE Scanner」を使えば、「サービス」や「キャラクタリスティック」が分かります。

*

たとえば、「照明」などが分かりやすい例です。

照明の付属のアプリで"オン/オフ"の操作をすると、あるキャラクタリスティックの値が変化するはずです。

そこから、「どの値を書き込むと、照明が"オン/オフ"するか」が類推できます。

結局、BLEデバイスは、キャラクタリスティックの読み書きで制御するものなので、「どのような値を書き込むと、どうなるか」さえ分かってしまえばこっちのものです。好きなように制御できます。

● 値を設定して操作する

「BLE Scanner」では、[W]の部分をタップすると、そのキャラクタリスティックに値を書き込むことができます。

たとえば、実際に「#ff00ff」と入力すると、「M5Stackの液晶の色」が、紫色に変わるはずです(図7-11)。

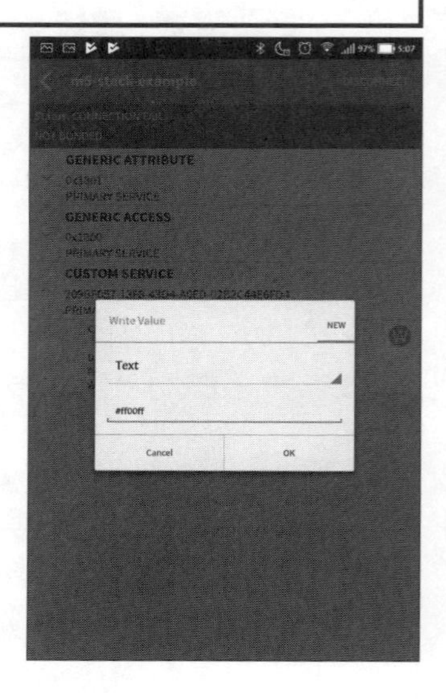

図7-11 キャラクタリスティックに値を設定する

● 値を参照する／通知を受ける

同様にして[R]のリンクをクリックすると、キャラクタリスティックの値を参照できます。

実際に確認すると、(「16進数表記」なので、何を指しているのか、少し分かり難いですが)、9軸センサの値を取得できるはずです。

＊

また[N]のリンクをクリックすると、通知を受けられます。

このプログラムでは、「loop関数内で9軸センサの値を取得して、notify関数で通知するという処理」を定期的に繰り返しています。

そのため、[N]のリンクをクリックすると、M5Stackの傾きに合わせて、表示されている値が刻々と変化します(図7-12)。

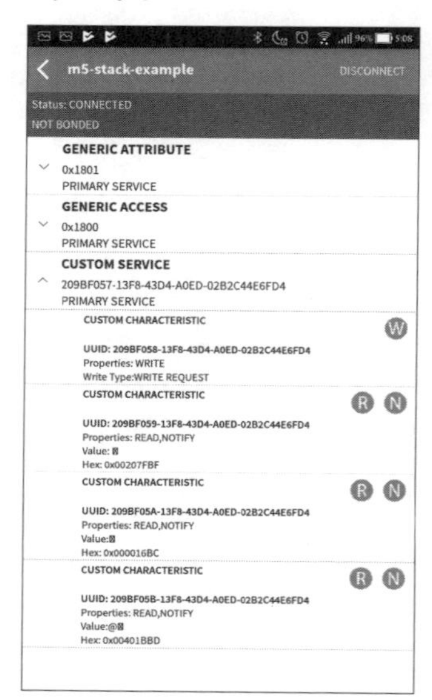

図7-12 [R]や[N]をクリックして値を読み込む

Column 「M5Stack」が「キーボード」や「マウス」になる？

「BLE」と言えば、「マウス」「キーボード」「スピーカー」などの周辺機器を思い浮かべる人も多いでしょう。

同じ「BLE」なら、こうした周辺機器と同じようなことを、「M5Stack」で実現することはできないのでしょうか。

実は、プログラムが少し長いだけで、それは可能です。

実際、インターネットを検索すると、M5Stackで「キーボード」を実現したり、「スピーカー」として音を鳴らせるようにするプログラムを作っている人がいます。

こうした周辺機器は、あらかじめ、「どのUUIDのキャラクタリスティックを、どう操作すると、どういう挙動になるのか」が定められています。

具体的には、「マウス」や「キーボード」の場合は、「HID」という規格で定められています。

そこで、このHID規格に対応する「サービス」や「キャラクタリスティック」を実装し、その値が読み書きされたときに、以下のような動作をするプログラムを作ります。

・キーが押されたときに発生するコードを送信するようにエミュレートする
・マウスの移動状態をエミュレートする
・マウスのボタンをエミュレートする

そうすれば、M5Stackを「マウス」や「キーボード」の代わりとして動かすことができます。

実際に、「M5StackでHID対応のデバイス」を作れば、「定型文を自動入力するキーボードを作る」とか「つないだセンサに異常があったときは、その旨を自動でキー入力する仕組みを作る」「9軸センサの傾きでマウスを動かす」といったことが実現できます。

興味があれば、ぜひ、挑戦してみてください。

挑戦するときは、「ESP32_BLE_Arduino」と同じ作者が公開している、下記で公開されているソースコードが参考になるはずです。

```
https://github.com/nkolban/esp32-snippets/tree/master/cpp_utils/tests/BLETests
```

数字

アルファベット

《A》

《B》

《C》

《D》

《E》

《F》

《G》

《H》

《I》

《J》

《L》

《M》

《N》

《O》

《P》

《Q》

《R》

《S》

《T》

《U》

《W》

《X》

五十音順

《あ行》

《か行》

《さ行》

《た行》

《な行》

《は行》

《ま行》

《ら行》

■著者略歴

大澤　文孝（おおさわ　ふみたか）

テクニカルライター。プログラマー。
情報処理技術者（情報セキュリティスペシャリスト、ネットワークスペシャリスト）。
雑誌や書籍などで開発者向けの記事を中心に執筆。主にサーバやネットワーク、Webプログラミング、セキュリティの記事を担当する。
近年は、Webシステムの設計・開発に従事。

[主な著書]

「ちゃんと使える力を身につけるJavaScriptのきほんのきほん」
「ちゃんと使える力を身につけるWebとプログラミングのきほんのきほん」（マイナビ）

「Amazon Web Services完全ソリューションガイド」
「Amazon Web Servicesクラウドデザインパターン実装ガイド」　（以上、日経BP）

「UIまで手の回らないプログラマのためのBootstrap 3実用ガイド」
「prototype.jsとscript.aculo.usによるリッチWebアプリケーション開発」
（以上、翔泳社）

「Python10行プログラミング」「sakura.ioではじめるIoT電子工作」
「TWE-Liteではじめるセンサー電子工作」「TWE-LITEではじめるカンタン電子工作」
「Amazon Web ServicesではじめるWebサーバ」「プログラムを作るとは？」
「インターネットにつなぐとは？」「TCP/IPプロトコルの達人になる本」
「クラスとオブジェクトでわかるJava」　（以上、工学社）

本書の内容に関するご質問は、
①返信用の切手を同封した手紙
②往復はがき
③ FAX (03) 5269-6031
（返信先の FAX 番号を明記してください）
④ E-mail　editors@kohgakusha.co.jp
のいずれかで、工学社編集部あてにお願いします。
なお、電話によるお問い合わせはご遠慮ください。

サポートページは下記にあります。

[工学社サイト]
http://www.kohgakusha.co.jp/

I/O BOOKS

「M5Stack」ではじめる電子工作

2019年 4 月30日　第1版第1刷発行　©2019
2019年12月10日　第1版第2刷発行

著　者　大澤　文孝
発行人　星　正明
発行所　株式会社工学社
〒160-0004 東京都新宿区四谷 4-28-20 2F
電話　(03) 5269-2041（代）［営業］
(03) 5269-6041（代）［編集］
振替口座　00150-6-22510

※定価はカバーに表示してあります。

印刷：(株) エーヴィスシステムズ

ISBN978-4-7775-2078-7